U0353516

巴林石鉴藏全书

宋建文　编著

全国百佳出版社
中央编译出版社
CCTP　Central Compilation & Translation Press

图书在版编目 (CIP) 数据

巴林石鉴藏全书 / 宋建文编著． —北京：中央编
译出版社，2017.2
（古玩鉴藏全书）
ISBN 978-7-5117-3156-2

I . ①巴… II . ①宋… III . ①石－鉴赏－巴林右旗②
石－收藏－巴林右旗 IV . ①TS933.21②G262.3

中国版本图书馆 CIP 数据核字 (2016) 第 253698 号

巴林石鉴藏全书

出 版 人：葛海彦
出版统筹：贾宇琰
责任编辑：邓永标　舒　心
责任印制：尹　珺
出版发行：中央编译出版社
地　　址：北京西城区车公庄大街乙 5 号鸿儒大厦 B 座 (100044)
电　　话：(010) 52612345 (总编室)　　(010) 52612371 (编辑室)
　　　　　(010) 52612316 (发行部)　　(010) 52612317 (网络销售)
　　　　　(010) 52612346 (馆配部)　　(010) 55626985 (读者服务部)
传　　真：(010) 66515838
经　　销：全国新华书店
印　　刷：北京鑫海金澳胶印有限公司
开　　本：710 毫米 × 1000 毫米　1/16
字　　数：350 千字
印　　张：14
版　　次：2017 年 2 月第 1 版第 1 次印刷
定　　价：79.00 元

网　　址：www.cctphome.com　　　　邮　　箱：cctp@cctphome.com
新浪微博：@中央编译出版社　　　　微　　信：中央编译出版社 (ID：cctphome)
淘宝店铺：中央编译出版社直销店 (http://shop108367160.taobao.com) (010) 52612349

凡有印装质量问题，本社负责调换，电话：010-55626985

前言

中国是世界上文明发源最早的国家之一，也是世界文明发展进程中唯一没有出现过中断的国家，在人类发展漫长的历史长河中，创造了光辉灿烂的文化。尽管这些文化遗产经历了难以计数的天灾和人祸，历尽了人世间的沧海桑田，但仍旧遗留下来无数的古玩珍品。这些珍品都是我国古代先民们勤劳智慧的结晶，是中华民族的无价之宝，是中华民族高度文明的历史见证，更是中华民族五千年文明的承载。

中国历代的古玩，是世界文化的精髓，是人类历史的宝贵的物质资料，反映了中华民族的光辉传统、精湛工艺和发达的科学技术，对后人有极大的感召力，并能够使我们从中受到鼓舞，得到启迪，从而更加热爱我们伟大的祖国。

俗话说："乱世多饥民，盛世多收藏。"改革开放给中国人民的物质生活带来了全面振兴，更使中国古玩收藏投资市场日渐红火，且急剧升温，如今可以说火爆异常！

　　古玩收藏投资确实存在着巨大的利润空间，这个空间让所有人心动不已。于是，许多有投资远见的实体与个体（无论财富多寡）纷纷加盟古玩收藏投资市场，成为古玩收藏的劲旅，古玩投资市场也因此而充满了勃勃生机。

　　艺术有价，且利润空间巨大，古玩确实值得投资。然而，造假最凶的、伪品泛滥最严重的领域也当属古玩投资市场。可以这样说，古玩收藏投资的首要问题不是古玩目前的价格与未来利益问题，而应该说是它们的真伪问题，或者更确切地说，是如何识别真伪的问题!如果真伪问题确定不了，古玩的价值与价格便无从谈起。

　　为了更好地解决这一问题，更为了在古玩收藏投资领域仍然孜孜以求、乐此不疲的广大投资者的实际收藏投资需要，我们特邀国内既研究古玩投资市场，又在古玩本身研究上颇有见地的专家编写了这本《巴林石鉴藏全书》，以介绍巴林石专题的形式图文并茂，详细阐述了巴林石的起源、发展历程、巴林石的分类和特征、收藏技巧、鉴别要点、保养技巧等。希望钟情于巴林石收藏的广大收藏爱好者能够多一点理性思维，把握沙里淘金的技巧，进而缩短购买真品的过程，减少购买假货的数量，降低损失。

　　本书在总结和吸收目前同类图书优点的基础上进行撰稿，内容丰富，分类科学，装帧精美，价格合理，具有较强的科学性、可读性和实用性。

　　本书适用于广大巴林石收藏爱好者、国内外各类型拍卖公司的从业人员，可供广大中学、大学历史教师和学生学习参考，也是各级各类图书馆和拍卖公司以及相关院校的图书馆装备首选。

编者

2016年11月于北京·阅园

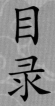

目录

第三章
巴林石传统分类

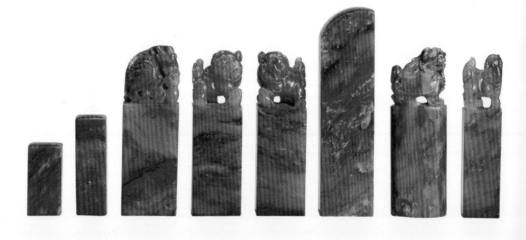

第六章

巴林石的加工及保养

第一章

巴林石概况

一
巴林石的产地位置

在我国内蒙古自治区赤峰市以北约200千米的巴林右旗的雅玛吐山，出产一种似玉彩石，因其产地毗邻林西县，故在20世纪早期矿物学家张守范教授曾将其命名为"林西石"。后来随着收藏和古玩市场的中兴，此石终于迎来春天，身价倍增，并很快跻身中国四大名石的行列，并享有"世界鸡血石在中国，中国鸡血石在巴林"的美誉。出产该石的矿区距巴林右旗政府所在地大板镇北面约50千米。1978年中国轻工业部将这里的矿区列为我国三大彩石基地之一，并正式为其

△ 巴林右旗草原

命名为巴林石。

巴林右旗地处大兴安岭支脉西段的朝鲁吐坝，乌兰坝南麓。赤峰市便是巴林石的主要集散地，巴林右旗所产的叶蜡石主要是靠赤峰的铁路运往外地和世界各国的。大板镇是巴林石的原产地，也是巴林右旗的旗府。巴林右旗历史悠久，是我国北方人类文明的重要发源地之一，在我国蒙古族发展史上也占有相当重的地位。

根据各方面资料揭示，远在300000年前，今巴林右旗一带地区，气候湿润，森林密布，草原茂盛，为人类祖先的生存、发展、繁衍提供了良好的自然条件。大约在10000年前的旧石器时代晚期和新石器时代早期，这里就有了人类的广泛活动，并且创造了灿烂的物质文明和精神文明。新石器时代的红山文化在全旗各地均有发现。红山文化遗址是距今有7000余年历史的人类活动的文化遗迹。在毗邻的翁牛特旗三星塔拉村出土了目前所知最古老的玉龙，为我们龙的故乡提供了有力的佐证。

△ **巴林石销售市场**

　　巴林右旗的地理位置，具有显著的大陆性气候特点。风沙较大，干旱少雨，无霜期短，气温年、日差较大，日照充足。地势由北向东南倾斜，年降水量仅三百毫米左右，而蒸发量相当于降水量的6倍，且降水多集中于6月～8月。境内河流多为季节性河流。古代著名的北方河流——潢水（即今日的西拉沐沦河）贯通全境。从大板镇驱车向北，约50千米处便是巴林矿区。其间有一条修筑在第四系古河床上的简易公路，沿途是绵延起伏的丘陵，坡度低缓，相对高度一般不超过200米，地貌风化较严重。这里气候干旱，地表地下水也较匮乏。距矿区8千米的查干沐沦河北南流向，流量很小，基本上属于季节性河流。矿区的位置就在查干沐沦苏木（苏木乡）的雅玛吐山北侧，地理坐标为东经118°22′40″，北纬43°47′10″。雅玛吐山山势孤缓，海拔最高点为1072米。

△ **雅玛吐山**

二
巴林石的矿产分布

巴林石的产地雅玛吐山呈自东向西走势，是由两座小山组成的，东部的较大，当地人称之为大化（滑）石山，西部的较小，当地人称之为小化（滑）石山。地表主要为第四系掩盖，地表向下主要为植被、腐殖土、黄土、风积沙及坡积碎石等，厚度4米～15米，分布十分广泛。山坡地表植被为低矮耐旱小灌木，而接近古河

△ 巴林石矿区

床的坡地则呈半沙漠状，基本没有植被。由矿区总部所在地向南眺望，整个矿区基本在一条平行线上，由东向西分布，长约2500米，宽300米～800米。矿区以外，一派塞外风光，放眼望去，只见蓝天白云黄沙绿草，一群群牛羊点缀其间，风景迷人，令人心旷神怡。

巴林石矿位于新华夏系第三区型隆起带——大兴安岭隆起带西南端的东南边缘，属白音诺景峰新华夏系Ⅱ级断裂构造系带的一部分。地面出露的地层自老而新有：志留系、二迭系、侏罗系、白垩系和第四系，其中二迭系、侏罗系出露较为齐全，分布面积也相当广泛。矿区主要的地质岩石由上侏罗纪马尼吐组陆相喷发的中性、酸性火山熔岩、火山角砾岩、凝灰岩和泥页岩组成。

矿区的地质构造以断裂为主。成矿前期断裂沿东西方向展开，规模较大。成矿中期的断裂构造，是伴随着次火山岩的侵入、围岩蚀变的发生所形成的一系列张扭性断裂；南北走向，相互平行，密集成组。本组断裂构造控制着叶蜡石、鸡血石矿脉的生成，具有活动次数多，由张扭性向压扭性转化的特点。受该组断裂构造的制约，致使矿脉分段集中，在平面剖面上平行排列或侧列，因此构成了巴林石矿矿藏的特殊性，即叶蜡化的岩石部分受到东西断裂构造和南北断裂构造的

△ 以矿产分布加工、销售为主题的巴林石文化高峰论坛

严格控制，不能向四周延伸。因而东西断裂构造以北部分形成叶蜡石矿，南部则未见高岭石化迹象。成矿后期断裂迹象明显，断裂多与矿脉平行或重合，为压扭性结构面，规模不大，长几十米至百余米，宽约十几厘米，对矿脉有一定的破坏性。如2号矿脉、26号矿脉，都因遭受这一时期的影响，矿石破碎。有些矿脉还发生错位变化。

由于受过三个断裂构造的影响和制约，雅玛吐山北侧形成的矿脉分支较多。在矿区内，叶蜡石共被划分为5组矿脉，编号由西向东排列，每组有矿脉4条～8条。其中以西部的质量为最佳。颜色纯正，石质温润，巴林石中最为名贵的石种——鸡血石，就集中于矿区西部1号脉组内。

△ 巴林石矿区

△ 巴林石矿区

巴林石矿的矿脉形态复杂，较常见的有竖脉状、连续透镜状、豆荚状和窝巢状。矿脉厚度、质量变化相当大，膨胀、收缩、尖灭、再现或侧现的现象非常普遍，致使巴林石要较其他叶蜡石开采难度大。个别矿脉叶蜡石与岩石的剥离比竟达千分之一。地表露出的矿脉，最高的是35号脉，标高1065米；最低的是8号脉，标高861

△ 巴林石矿区

米——在此高度下，尚未发现有开采价值的矿脉。

巴林石矿有三个主矿区：

①巴林右旗雅玛吐矿，此外尚有二道沟、四楞山（大黑山）矿区。

②巴林右旗东部吐拉达苏木（乡），所产的石白色，块状，硬度为2，局部肌理有辰砂（鸡血）细脉填充，开采规模较小。

③阿鲁科尔沁旗白音汗都苏木（乡），解放前已开采两处矿点，开采矿石同右旗两矿相似。

巴林石矿开采的方式有竖井、斜井和露天开放式。目前正在开采的矿脉点有二十余处。矿区西部1号脉组中的鸡血脉点，采取的就是开放式掘进。鸡血石脉鲜艳无比，储量也大，开采面极为壮观。1号脉组中还较多出现"跑窝"现象。"跑窝"是对独立产出的体积较小的石料的称谓。一般来讲，"跑窝"的石料都是质量相当好的，无绺无裂，能出令人满意的印材。

巴林石矿脉分布在雅马吐山上，采石点按传统名称叫做卧子。山上卧子布局有疏有密，周围并无明显特征。为了便于区别，各个卧子都以第一任采石班长名字命名。下面分别介绍各个卧子的石材情况。

△ 巴林石矿山10号矿硐

△ 巴林石矿山12号矿硐

△ 巴林石矿山16号采坑（俗称鸡血卧子）

△ 巴林石矿硐5号矿硐

△ 巴林石鉴别

1 | 刘福卧子

这个卧子只生产冻石，透明度最佳，颜色为黄黑相间，色块面积大而且分明，黄颜色为中黄或淡黄，黑色很像熬皮冻时的沉淀物。此类冻石为巴林石中的极品。1983年进行开采，其优良程度是空前的。从此以后，还未挖掘出能相匹敌的冻石。这个卧子后来在雨季土层溜坡，采石点被深深地埋在里面，不然还会进行回采。

2 | 斯琴白音卧子

这个卧子出产的石材质量为两个极端，一种是质量略次于刘福卧子的白色、黄色冻石，数量较少；一种是土黄与灰黑相间，纯黑、灰和白四种颜色的粗石，类似福州的财主石，石质粗糙，少油性，难出光泽。

3 | 西里布卧子

这个卧子出产不透明的黄、红两色巴林石，质量中上等。

4 | 霍文忠卧子

这个卧子出产不透明的灰白颜色的巴林石，颜色集中，易于区别，质地一般。

5 | 张向金卧子

这个卧子出产冻石、蜡石、鸡血石，鸡血隐在冻石或蜡石上，质量优良，这是鸡血石矿脉的一条正线。

6 | 蒙和白音卧子

这个卧子出产花色的巴林石，颜色碎而杂，质地中等。

7 | 郭风槐卧子

这个卧子出产的巴林石为灰白色，硬度和密度都差，易于雕刻，难出光泽。

8 | 张国久卧子

这个卧子出产冻石和彩色巴林石，冻石质地中等，彩石质量上等。

9 | 张向东卧子

这个卧子出产黑白两色的巴林石，质地一般。

10 | 季任卧子

这个卧子为查干沐沦苏木所属，也称"小矿"。所产石材颜色丰富，质地有优有劣，优者为零星散布在石中的鸡血石；中者为半透明的冻石和彩石；劣者人称"驴皮石"，质地粗，颜色有黑、青、灰、白，灰色为主。另有一种石材，石中均匀地布满圆点（砂丁），是刻豹子和梅花鹿的理想材料。

这个卧子的另一特点是线头长，多年开采，未见尽头，后期分为直井和斜井外，质量优于过去。

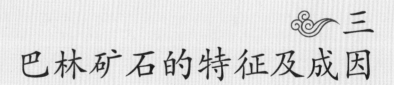

三
巴林矿石的特征及成因

1 | 矿石的特征

巴林石矿形成于距今1.5亿年前的侏罗纪晚期，巴林石矿存在于蚀变的酸性火山熔岩及火山碎屑岩中，成矿的热液沿着断裂上升，在岩石裂隙中充填形成了巴林石矿脉。

巴林石从地质观点来讲，归纳成两种观点：一种是叶蜡石说，另一种是高岭石说。

认为是叶蜡石的理论根据是：巴林右旗雅马吐山是大片的火山岩喷发构成。伴随着流纹岩的侵入，后来，由于岩浆的活动，火山热液作用使原来的母岩蚀变，形成长约2500米，宽300米~800米的蚀变带，围岩蚀变或成矿热液交代可分为三期——成矿前的广泛围岩蚀变，成矿期的热液的蚀变交代，成矿晚期的金属硫化物矿化作用。

（1）成矿前，矿区出露的流纹岩，均遭受不同程度的热液蚀变，热液来自火山岩的侵入体。主要蚀变类型有：硅化、高岭石化、叶蜡石化、明矾石化等。蚀变不均一，强弱差异大，变化残留体到处可见，这个时期的蚀变为叶蜡石矿脉生成，奠定了围岩条件和构造基础。所以，区内发现的巴林石矿脉均储存在高岭石化、叶蜡石化的流纹岩中，随着深度的蚀变逐渐减弱。

（2）成矿期的围岩蚀变，范围较小，仅限于巴林石矿脉周围，山矿脉向两侧水平分带为高岭石化——强明矾石化——强硅化——硅化流纹岩，蚀变由强而弱，目前，矿区以及工业和工艺用的巴林石都属于成矿前的部位。在岩浆与围岩蚀变交换过程中，围岩内的矿物副成分受影响而分解渗染，形成叶蜡石的各种颜色，或呈层纹、块状，或呈环状、斑点状等，造成叶蜡石美丽斑斓的色彩与品种。叶蜡石矿物形成时，与它同时形成的还可以有其他矿物，如水铝石、绢云母、石英等。当原岩交代不完全时，还会残留火山岩。这些属于杂质矿物的多少，叶蜡石质地的纯洁度，造成了石质的优劣不同。蚀变后期，矿体化学成分均有明显的改变。由于热液作用和其他一些化学交代作用，矿体中的钾、钠、钙、镁等活泼的元素大量游失，而遗留下来的则是较为稳定的元素铝、硅等，形成了含水铝硅酸盐矿，即叶蜡石。

（3）在成矿晚期，一些硫化物和其他矿物质沿叶蜡石裂隙贯穿，或斑布、浸染，因而扩大了叶蜡石的品种。例如：鸡血石就是汞元素侵入叶蜡石矿体造成的，水草花是锰元素侵入叶蜡石矿体造成的，而黄铁矿使巴林石中出现了"鬼脸青"品种，此石质粗石顽，竟得诨号"黑毛驴"。不过，这个时期对于叶蜡石矿体的范围、位置、蚀变程度，已无大的改变了，只是造成一些小的局部的元素变化。

从矿物的化学成分而言，蚀变后围岩化学成分均有明显改变，三氧化二铝、二氧化硅相对减少。从矿物的自身硬度而言，在蚀变带内，由于二氧化硅的含量相对来讲较高，三氧化二铝含量相对来讲较低，硬度较大，适合于工艺雕刻用。

巴林石属硬质高岭石说，是《中国宝石和玉石》一书中阐述的，书中认为寿山石和青田石是以叶蜡石为主要矿物组成，巴林石则不然，其组成矿物主要成分是高岭石，其次才是少量的叶蜡石和明矾石。李海负在1987年用差热分析和化学分析已经证实了这一点，寿山石和青田石化学分析已经证实了这一点，寿山石和青田石化学成分中二氧化硅为62.71％～66.13％，三氧化二铝为26.94％～29.18％，接近叶蜡石的理论成分，而巴林石富含铝，低含硅，含二氧化硅44.44％～45.87％，三氧化二铝38.81％～39.82。

地质学家江绍英和赵晋南1990年5月8日～13日至巴林石矿考察，他们的观点是，本矿区无叶蜡石，作为雕刻之用的为硬质高岭石，因含有石英，所以硬度较大，硬质高岭石的结晶较好，其化学成分低于25％，氧化钾和氧化铁的含量均较高。另外，从物理分析烧失量来讲，烧失量一般大于10％，而叶蜡石的烧失量小于10％，所以他们认为是高岭石。

江绍英和赵晋南系统地采样十四种，进行X光衍射物相分析及化学分析，现将分析结果综述如下：

△ 高岭石

27—1样品中为高岭石（约60％）+石英（约40％）

27—2样品中为明矾石（约40％）+高岭石（约22％）+石英（约28％）

27—3样品中为高岭石（约74％）+石英（约23％）

29—1样品中为高岭石（约75％）+石英（约15％）+明矾石（约10％）

33—1样品中为高岭石（约25％）+石英（约70％）+明矾石（约5％）

36—1样品中为石英（约60％）+高岭石（约35％）+明矾石（约5％）

36—2样品中高岭石（约60％）+明矾石（约25％）+石英（约15％）

36—3样品中为高岭石（约50％）+石英（约45％）+明矾石（约5％）

36—4样品中为明矾石（约55％）+石英（约35％）+高岭石（约5％）

四采区—1样品中为高岭石（约65％）+石英（约30％）+明矾石（约5％）

四采区—2样品中为高岭石（约75％）+石英（约20％）+明矾石（约5％）

五采区—1样品中为石英（约65％）+高岭石（约25％）+明矾石（约5％）

五采区—2样品中为石英（约75％）+高岭石（约25％）

综上所述，巴林石属硬质高岭石说是正确的，已被科学手段所证明。而巴林石属叶蜡石一说，是从外观上而得出的一种结论。因为巴林石的硬度为2度～2.5度，比重为2.65～2.90；折光率为1.534～1.601，重折率为0.050，颜色是由硅、铝、钙、镁、硫、钾、钠、锰、铁、钛等元素的存在和比例上的变化所决定的，这硬度、比重、折光率、重折率和颜色形成条件都是和属叶蜡石的寿山石、青田石、昌化石相同的。所以，误认为巴林石也是叶蜡石。

高岭石一般多为复杂形态的脉状、或块状、或透镜状、倾角平缓。这种现象在寿山、青田等地区表现得十分典型。但是，巴林石矿的矿脉岩体则是几乎垂直于地面的，近似于90°角的状态，几乎完全没有水平状态的矿体。这一视角完全不同于其他印材石的产状。根据局部野外资料结合航空照片分析，地质部门做出了如下确定：雅玛吐山附近地区存在着这样一个构造应力场——北东东向为压性，北北西向为张性，北北东向和北西西向为扭性。巴林石矿区明显受裂隙控制的矿脉大多产于北北西张性裂隙中。巴林石矿

△ 巴林石原石

的构造不同于我国其他地区的叶蜡石矿，其根本原因可能是由于成矿后地壳的抬升扭曲造成的，使得水平状态渐变或骤变为垂直状态。当然，此论点还有待继续考证。

2 | 矿床的地质特征

巴林石矿床有以下几个特点：

（1）矿脉全部储存在含矿蚀变带中，其围岩为高岭石化流纹岩。

（2）严格受断裂，裂隙控制，分段集中，密集成组，平行排列。

（3）成矿方式以交代为主，持续时间较长，期次多。

矿脉形态复杂，呈似脉状，较连续的透镜状，豆荚状，窝巢状产出。矿脉厚度，矿石质量变化均较大。膨胀、收缩、尖灭再现或侧现普遍。在平面、剖面上相互平行或侧列，矿脉密集含脉有分枝复合现象。

鸡血石是隐晶质长砂细脉沿裂隙贯穿或斑布、浸染于巴林石中，色鲜犹如鸡血，质地纯正，可作为商品。鸡血石均分布于巴林石矿的局部地段，虽为不规则的斑团，窝巢状产出，以储存于矿脉底板者多见，形状不规则，产出无规律，或突然出现或骤然消失，辰砂与鸡血石有着渊源关系。

3 | 巴林石矿物成分和化学成分

（1）矿物成分

矿石矿物成分比较简单，据镜下观察主要有：高岭石、叶蜡石、明矾石等，其次含微量绢云母、赤铁矿、褐铁矿、黄铁矿、绿帘石、锆石、辰砂等。高岭石、叶蜡石显隐晶结构，显微鳞片状结构和纤维状鳞片结构。

（2）化学成分

巴林石的化学成分，主要含硅和铝，只是比例有所不同，巴林石中硅的含量一般在40％～60％，铝的含量在30％～40％，除这两种元素之外，还含有少量的钙、镁、硫、钾、钠、锰、铁、钛等元素。由于这些元素的存在和比例上的变化，造成了叶蜡石丰富的色彩。如含铁元素多的石料就是紫、红色，含铝元素多的石料就呈灰、白色。其中起主要作用的是三氧化二铁（Fe_2O_3）、氧化镁（MgO）、一氧化二钾（K_2O）等。巴林石的硬度为摩氏1.5～2.0。单斜晶系，晶体细微，呈隐晶质致密块状体，比重2.65～2.90，断口贝壳状光泽。含矿蚀变围岩以富含三氧化二铝为特征，矿石化学成分则更无例外。据统计，三氧化二铝含量均在30％以上，最高达40％，烧矢量大于11％。

第二章

巴林石历史文化

一
巴林石的开采历史

　　内蒙古巴林右旗的雅玛吐山出产珍贵的巴林鸡血石、巴林冻石及多色巴林石而享誉海内外，同时这里还生产各种工业用的叶蜡石、高岭石、天然水银、医用辰砂、墨玉等，是一个不折不扣的风水宝地。当地人有个祖辈传下来的一个顺口溜："房子盖三间，立起玉石杆。"这大概就是过去人们希望能在山上盖几间房，开采这珍贵的彩石，并竖立大旗，在此掘宝发家，光耀门庭。现在人讲，巴林石旗的右字就是"石"字出头。因而，开采巴林石也一定能出人头地。

　　巴林石究竟从何时最早被发现和使用，其说不一。有人曾经在锦山灵悦寺发现一石佛，疑为巴林石最早制品，此佛高14厘米，宽7厘米，厚4.5厘米。从石质看，属巴林石中的黏性料，原石应为玫瑰色，现颜色已经褪尽，石中有三分之一为杂质，因属庙产，多年供奉，具体资料已无从查起。其雕刻技法，脸部雍容富态，线条流畅，服饰绝非近代佛像形状，佛像又似观音又似度母，从手法上看，此佛应是唐宋时期制作。

　　巴林石的开发时期虽然较晚，但其发现和利用却可以追溯800年前——我国元朝建立之前即有文字记载。最初人们只是用它制作生活工艺品，如石碗、石臼等。相传，在成吉思汗统一蒙古各部落后举行的盛大的庆宴上，其属下曾向他奉献了一只由巴林石雕制成的石碗。这石碗质地晶莹、颜色艳丽，做工也很精美。成吉思汗大悦，不禁赞道："腾格里朝鲁!"（蒙语：天赐之石的意思）

△ **巴林石双螭钮章**
长5厘米，宽5厘米，高10.6厘米

从此，巴林石的美称——"天赐之石"便流传下来。那个时期连年征战，将士死伤很多，补编或更换官职需要用印，而铜印制造不方便，用巴林石制印是可能的。在多尔衮的属地发现了两方巴林石印章，浮雕无钮，也无抛光，锯口还很清楚，一方刻着"世守漠南"，另一方刻着"喀啦沁王之宝"。一个是小篆，一个是隶书。这是五十年代，王府一个管家挨批斗时，受罪不过，作为交代从地下挖出的。

到清朝前后，当地人便不断地对巴林石进行小规模开采。石料上的色彩和自然形成的花纹图案，引起了手工艺人们的重视，艺人们制作出各种精美的工艺品。在沙巴尔台，有个名叫德力格尔的老艺人，将其精心雕刻的石碗献给了大巴林第四代扎萨克乌尔衮，乌尔衮又将石碗献给了康熙皇帝。康熙龙颜大悦，对巴林石赞不绝口。从此以后，巴林王每次进京朝觐，都要带大量的巴林原石及其制品，作为贡品和礼物。

民国时期，日本人觊觎我国的巴林石资源，曾抓劳工进行过开采，行动很神秘，管理森严，劳工也不懂采的为何物，鸡血石矿物、鸡血石矿脉和彩石矿脉都被采过。后加工成图章、墨盒之类，运往日本，至今被视为珍品。日本人当时称巴林石为"蒙古石"。当时的采矿遗址今天依然可见，位置在雅玛吐山东峰西侧。

据《大巴林蒙古情况调查》记载，当时大巴林旗公署将巴林石作为唯一的土特产，并要建立机构，公布兴安省矿业法令通告，对巴林石矿的开采进行管理。但由于战乱和政治腐败，伪满政权随之倒台而未能实施。

中华人民共和国成立后，由于国内外种种原因，巴林石仍未能尽快开发利用。在70年代，地质部门去考察，发现有遗留采坑多处，坑深不大，规模很小，群众传说过去曾有南方人用骆驼运走过这种石料。1973年巴林右旗筹备开矿

巴林鸡血石章（两方）
边长2.9厘米，高7.7厘米/边长2.3厘米，高7.6厘米

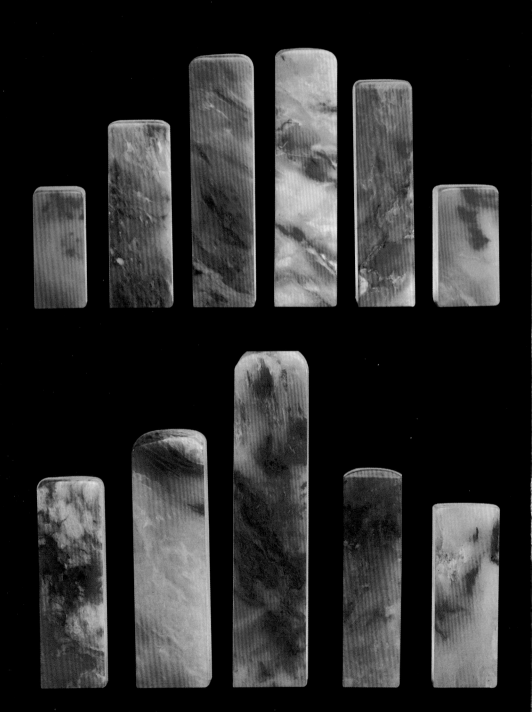

△ 巴林鸡血石方章（11件）

尺寸不一

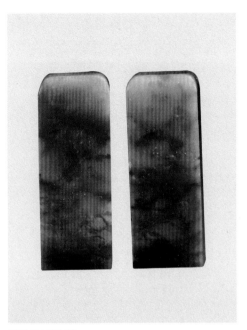

巴林鸡血石对章

长2.4厘米，宽2.4厘米，高6.5厘米

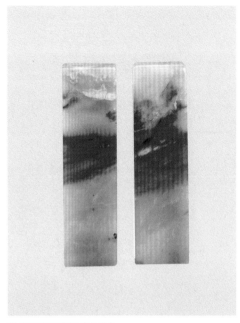

巴林鸡血石方章（两件）

边长2.4厘米，高8.7厘米

巴林鸡血石方章（两件）

边长2.7厘米，高7.2厘米/边长1.8厘米，高7.6厘米

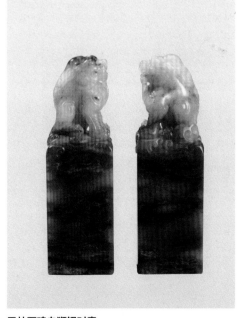

巴林石鸡血狮钮对章

长2.6厘米，宽2.5厘米，高8.2厘米

时，发现一个采硐内有点灯用的油碗、一只陈旧的鹿角、一把不是当地人所用的刀子、还有一个粗雕成型的佛像，只可惜，矿工们不懂其珍贵和价值，全都扔掉了。这些现象表明，过去确有懂行的南方人前来探险，并采走了一部分巴林石。

同年，辽宁省区调工队在雅马吐山区进行1：200000地质测量时，初次作为矿点正式探查，1975年辽宁省第二地质大队对其进行地质普查，施工探槽2000立方，并编写地质调查报告，1974—1975年，辽宁省第一轻工业局来此做陶瓷原料调查，但以上这些地质工作程度低，投入工作量小，因此，只查明有一定数量的工艺用石材，确定为小型矿床，未能查清区内地表出露的较大矿脉，未能发现"鸡血石"，也没有对日后的采矿工作提出宝贵意见。

由于中国先后与许多国家建交，贸易往来随之增多，工艺品的出口供不应求，于是，在巴林右旗筹建矿部的基础上，中国工艺美术公司辽宁省工艺美术公司相继投资，经过各个方面的努力，矿山形成了一定的生产能力，解决了工艺用叶蜡石的急需，也为其他工艺美术雕刻公司提供了丰富的巴林石原料，建立了频繁的购销关系。

△ 巴林鸡血石方章（两件）

尺寸不一

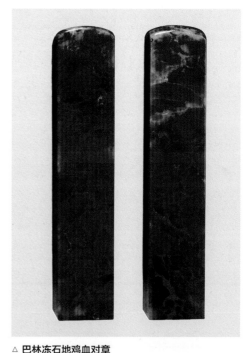

△ 巴林冻石地鸡血对章

长2.3厘米，宽2.9厘米，高14.5厘米

巴林石建矿初期，条件相当艰苦，照明用油灯，吃水靠牛车拉运，住的是地窖，烧的是牛粪，用的是最简单和原始的工具。由于条件艰苦，矿领导不断更替，直到时景佳、姚昆、赵连德赴任之后，才认准了这块宝地，长期安营扎寨，艰苦创业，经过十五年的艰辛努力，克服了许多困难，形成了初步的、比较系统的开矿局面，为以后的计划开采铺平了道。目前，巴林石矿的开采主要按国家轻工部的控制开采指标，进行季节性生产。并且已经建成了一座初具规模，农林牧副全面发展的矿区了，所产石材和巴林石工艺品销往世界各地。

巴林石自开采以来，开始加工图章与石雕工艺品，并在市场上进行销售。但销售状况并无寿山石和昌化石那样走俏，而且身价也不高。由于其

△ **巴林石瑞兽钮章**
长5厘米，宽2.8厘米，高8.4厘米

性状和寿山石大致相当，化学成分也比较类似，所以出现了以巴林石之材充当其他名石之貌的混乱局面。不过，真假石之间必定有质的差别，巴林石也因此名声不断上扬，并得到人们的认可和青睐。

巴林石以它产量大、价廉、物美的优势，开采不到十年，几乎占领了全国所有的印章市场。据载："巴林石矿开采的方式有竖井、斜井和露天开放式，目前正在开采的矿脉有二十余处……鸡血石脉鲜艳无比，储量也大，开采面极为壮观"。巴林石的品种繁多，优劣悬殊不一，销售价格也差别很大，但总体来说，还是不能与寿山、昌化石相比。在巴林石中，鸡血红石售价最高，每吨可达数万元至数十万元，若遇到极好的"跑窝"石料，则以单块估价销售。尽管如此，还是与寿山、昌化石的上品价格相去甚远。这样，除以大量批发形式销售外，石贾常以高档巴林石顶替寿山石、昌化石出售，自然可获大利，而用户也以较廉的价格购到想象中的"鸡血石"或"都成坑石"而欣慰，这种状况的有增无减，致使巴林石精品，始终充当着"替身"。

△ **巴林鸡血石章（十方）**

尺寸不一

△ **大展宏图巴林石摆件**

高21.5厘米

二
巴林石的文化传说

　　巴林石是我国诸多观赏石中的一个重要的组成部分，以其特有的质地、艳丽的图纹，凝重的冻感成为观赏石中的佼佼者。巴林石成矿时期距离今天已有一亿多年，而它真正走出大兴安岭山脉，向人们展示靓丽的风采只三十多年。

　　藏石家张源说："艺术不能脱离时代感情。"通过玩赏巴林石，研究巴林石，在多方位，多角度，多领域中追求、探索、领悟、发掘，吸收多门学科的营养，才能使巴林石文化这一艺术新蕾开放，万紫千红。

　　盛产巴林石的山脉蒙语叫做雅马吐山，译成汉语就是黄羊滩山，当地群众也称为蛇山和化石山，老人讲：山有异宝，所以有怪异动物当守护神。另外，风水极好，不然哪会有宝，在当地传诵着一些有关石头的故事。

△ **巴林石章料**

高14厘米

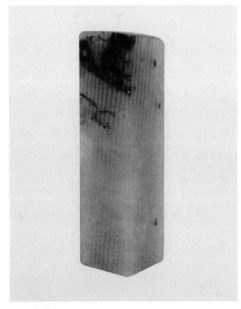

△ **巴林鸡血石章料**

高9.5厘米

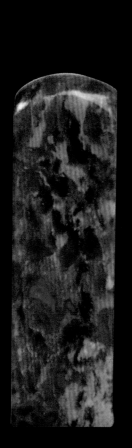
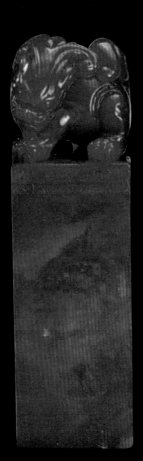
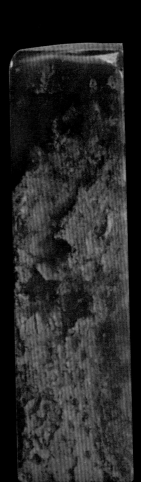

△ 巴林鸡血石章（7件）

尺寸不一

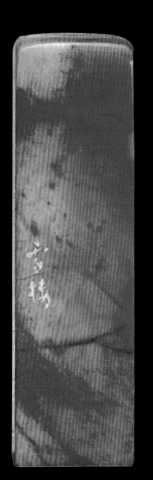
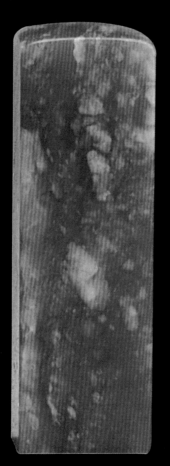
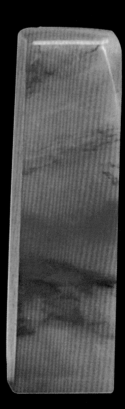

1 | 公鸡长鸣一声天下白

相传远古时代，羿射九日后，剩下一个太阳藏了起来，世间一片漆黑，民不聊生。太阳神炎帝为了把光明和温暖送给人间，每天用金鸡驾金车，赶着太阳从东到西昼夜不断地，永不停息地奔跑，地上的万物才得以正常地生活。

天长日久，太阳不再胆怯，而炎帝也倦怠了。于是炎帝想了一个办法。他把一只金鸡蛋交给巴林草原上的鸡公和鸡婆孵化，让金鸡一代一代永留在人间。这样每日早上金鸡就早早起来打鸣，就可以呼唤太阳升空，提醒人们起来耕作了。炎帝又辛苦了二十天，眼看小鸡再有一天就要破壳，他却因为劳累而睡着了。

却说有一个妖魔，专门喜欢在黑暗中为患人间，最怕的就是阳光，听说炎帝要让金鸡报晓，心怀忌恨。它想：只要设法干掉金鸡蛋，炎帝在天上睡上一日，世上已是千年，这千年的黑暗就成了自己的天下了，真乃天赐良机！妖魔主意一定，立即扑向草原，哪知鸡公、鸡婆担此重任，唯恐有失，早把孵化地点安排在山上一个隐秘的地方。妖魔到了草原苦苦搜寻，始终没找到鸡蛋。鸡公担心妖魔迟早会找到孵化地点，勇敢地只身引诱妖魔，妖魔以为只要跟踪鸡公，就不愁找不到金鸡蛋。当鸡公越去越远时，妖魔才知道中计了，它恶狠狠地扑向鸡公。鸡公故作惊恐，展翅就飞，从北到南，在一座山上与妖魔展开了殊死搏斗，没几个回合，便惨死在魔爪之下。妖魔返回巴林草原，知道小鸡破壳的时辰快到了，就迫不及待地从口中放出妖火，一处处地焚烧，妄图焚毁金鸡蛋。鸡婆为了阻挡妖魔，奋不顾身冲了出来，战不多久也惨死在妖魔的魔爪之下。

恰在此时，由于火烤的热量代替了鸡婆的体温，加之二十一天期满，小鸡终于破壳而出了，而且见风就长，一下子变成了一只气宇轩昂的大公鸡，引颈一声长鸣，唤出了太阳，震死了妖魔。

妖魔是除掉了，鸡公鸡婆却双双遇难。在它们殉难的地方，鲜红的鸡血染红了大山

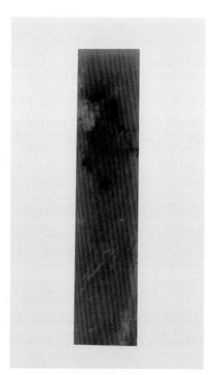

△ 巴林鸡血石方章

长2.5厘米，宽3厘米，高12.5厘米

岩石，绚丽夺目。人们为了感激鸡公、鸡婆，也感谢它们把光明奉献给人类万物，就把这里的岩石称作鸡血石，并把鸡血石当作珍贵的宝石，竞相收藏。民间风俗中，凡在大举起事时，盟重誓，喝鸡血酒，或许也源于此吧。

2 | 淑慧公主修造巴林桥

清顺治五年（1848）二月，大清皇室固伦淑慧公主下嫁巴林草原色布腾王爷。送亲人马浩荡，场面恢宏，敲锣打鼓出古北口，向美丽的大草原进发。

这天早晨，天气晴朗，公主一行来到了失烁摩伦河畔，眼看就要到达公主婆家的巴林部境，公主想到自己是为了实行清廷"南不封王，北不断亲"的统治政策而来的，不由得远眺京都，产生绵绵不舍之情。之后又开始前行。

正在大队人马缓缓行进的途中，公主突然向手下的人问道："我带来的银吉满洲七十二行随行人员中可有石匠？"随行人禀报，陪嫁满洲行众里面，有银匠、铜匠、木匠、铁匠、砖瓦匠、农匠、厨师各行各匠都有，唯独未带石匠。公主听后大怒，命令队伍停下，派人不分昼夜火速去好的脑粉地隆化波罗河屯拨来五十户石匠。部下不敢含糊，立即点对人马，调请石匠去了。

巴林是个游牧山区，遍地青草，牧民们不盖房不搭屋，长期在外牧羊放马，以毡包为栖居住所。也许是公主预感到巴林有异石，所以，才心血来潮，调来了石匠。

石匠被调来之后，公主让石匠建造了巴林石桥，这才嫁了过去。巴林桥是中华民族和睦友邻的美好见证，从此巴林石开始名扬天下。

3 | 三龙女巧借赶山鞭

相传，很早很早以前，巴林草原上没有山，四周的山峰都被天上的二郎神杨戬用鞭子赶到海里去了。由于这些山体的重量实在是太大了，把东海龙王的龙宫都压坏了，金库也砸塌了。东海龙王非常生气，但又迫于二郎神的势力，他可是玉皇大帝的亲外甥啊，哪敢去找他的麻烦？

东海龙王因此每日愁眉不展，怎么想也想不出什么好办法。后来，还是聪明的三龙女想出了一条妙计。原来，杨二郎的哮天犬犯了天条，被玉皇大帝贬落到了人间，变成一条石狗，并派了一名石将把守。杨二郎丢了哮天犬，寝食不宁，坐卧不安。他向外散发传言，说谁能救出他的哮天犬，要什么自己就给他什么。

三龙女打听到，要救哮天犬，必须在三更之时百丈之内拔掉三根狗毛，在石匠的头上打三下，石匠脑浆迸裂，从里面取出开锁的钥匙，开了锁链，哮天犬便可获救。把哮天犬还给杨二郎就可以借到赶山的鞭子了。

龙王听了大喜，立即命三公主依计而行。当三龙女把哮天犬送给二郎神，提出要借赶山鞭时，杨二郎一看三龙女是个美女，不觉动了凡心。他立刻变了卦，哄骗三龙女：赶山鞭已经被玉帝收回，要三龙女在府上住上几日，他再好去向玉帝讨借。三龙女见二郎不怀好意，灵机一动，假意应允。二郎神十分高兴，命侍女把三龙女接进内宫，好生伺候。

到了晚上，杨二郎从天宫回到灌江口，邀三龙女共饮，面对美酒、美人，二郎神心里高兴，不觉贪饮了几杯，喝醉后昏睡过去了。三龙女趁此机会，打开了二郎神头上的辫子，取出了赶山鞭，细心藏好后，立刻逃回到东海上。

她拿着鞭子迎风一摆，那鞭子见风就长，不知不觉就长出了三丈三尺长。三龙女奋力挥动鞭子，想要把海里的土山、石山、金山、银山、珊瑚山、水晶山等

△ 瑞兽钮巴林石印章

长3.3厘米，宽3.3厘米，高8厘米

都统统赶出海还给人间。可是，刚把土山、石山赶出，老龙王出现了，说什么也不让把金山、银山、珊瑚山、水晶山赶出海去，父女俩正在争执，二郎神酒醒赶到，夺回了赶山鞭。

三龙女从海里赶出的土山和石山，由于在海里和砸塌的宝库混在了一起，所以，就混杂了许多宝石，传说这就是山中巴林石的来源，与银山混杂的就是现在出产的红汞和水银的来源。

4 | 化蛹成蝶的查干与赛汗

这是发生在查干沐伦河畔的一个古老传说。

据传金代时，巴林草原是皇朝建都的地方。有这么一年，老皇帝驾崩，新皇帝登基，赦免天下罪犯，又从全国各地选妃入宫，国泰民安，一片欣欣向荣的景象。后来皇帝想起百年后事，便带了风水大师和群臣乘马出游踏景寻区，择选龙穴。一行人到了查干沐沦，州官赶忙出迎，指引皇家仗队来到一山。进了山口，举目望去，但见春日融融，山岚极盛，坡坡鸭绿，岭岭鹅黄，山顶上高风漫雾，蜃影蒸腾，山脚下，草覆流水，觅不见踪。

△ **巴林鸡血石摆件**

长8.5厘米

金朝新皇连声赞道："此乃天下第一青山秀水之地也！"风水大师趋前跪禀："吾皇万岁，以微臣之见此处可为龙寝陵地。这座大山，山势险峻，山峰巅连，状若龙脊。正山顶上有一天池，不枯不溢，碧清到底乃为龙口，再看南面，突兀两座石峰挡住山口，状若驼峰，水从两峰之间流出。进山之路，只此一条，两侧山峰，乃为彩凤之翅翼，正所谓龙凤之地。"皇帝听罢，哈哈大笑，说道："龙生有处，龙寝有地，皇家龙种，必寝龙地。大师之言，甚合孤意。朕闻龙穴之地，常有彩凤飞出，不知凤从何来呀？"州官伏地禀道："我主在上，容臣详察。本州之内，有一名叫查干的美女，正当一十七岁，她的身段像白桦一样柔美，她的容颜像山花一样漂亮，她的歌声比百灵鸟唱还好听，她跳起舞像天上飞来的彩霞。"皇帝大悦："快快点定陵穴，今夜宿住州城。"众人办完扬鞭催马，正要前行，突然身后传来喧闹之声，一群百姓骑着马从驼峰行来，在离皇帝不远处下了马。他们抬着九只煮熟的羔羊朝供大山，又向空中洒了鲜奶和醇酒，一齐唱起了山歌。原来这一天一对新人要举办婚礼，这是在进行拜山仪式。

皇帝见百姓只顾拜祭山神，载歌载舞，全然不顾及自己这个一国之君，非常生气。风水大师见颜不悦，赶忙嚷道："哪里来的刁民，胆敢到此喧闹，冲撞龙驾，践踏了龙地，还不快快派人赶出去！"州官连忙下令仆从卫士驱赶百姓，哪知道才要动手，猛听身旁树林子里一声巨吼，接着蹿出一只豹子。那豹子张开血盆大口，朝皇帝奔来，吓得卫士们拔腿就跑。正在危急之时，只见一匹白马闪电般出现，马上一个青年擎着丈八套马杆，将杆绳一摆，套进那豹子的脖子，接着将杆绳拧紧，豹子便被勒得嘴巴张开而无法合上。青年人再一用力，将豹拖走，在草地上转了三圈停了下来。走近一看，那豹子已死。这只豹子满身金花，毛色锃亮，他忍不住喊道："查干妹子，快来看呀!这是一只多么美丽的金钱豹！"查干姑娘骑马奔来，惊喜地拉住赛汗的手，说道："哥哥，你真好，救了那些人的性命！"百姓们围了过来，齐声赞道："赛汗和查干真有福气，当婚之时猎得金钱豹，日后必定富贵吉祥。"

众人扶起受惊的皇帝吓得无人敢说话。州官半天醒过神来，大声喊道："本州百姓们，万岁皇帝驾到，还不快快见驾！"百姓们大吃一惊，一齐跪下高呼万岁。州官上前，躬身扶起查干姑娘，向皇帝禀报："我皇万岁，此女便是本州待献之妃查干，请鉴阅。"皇帝张目望去，大惊失色道："呀，如此美人，真乃天上仙女下凡啊!朕若得此美妃，乃万民之造化，快快近前让联细细观赏一番。"查干姑娘听说自己被选为皇妃，急得倒入赛汗怀中，说道："我不去，我和赛汗哥哥已缔结良缘，拜堂成亲。"百姓们连连叩头，齐道："启禀皇上，民女查干已是有夫之人，刚才已经拜过山神和水神。"州官大怒："皇上面前尔敢欺君吗？如今查干姑娘已选为皇妃，乃本州黎民之幸事。来人呢，敬请皇妃谒驾。"赛汗将查干挡在身后，挺身而出道："高山还像土丘那么大的时候，骏马还像野兔那么小的时候，草原上就有了拜山成婚的风俗。今我和查干拜过山神，查干已经是我的妻子了！"皇帝吓得到退一步，指着赛汗说道："这，这是什么人？"风水大师奏道："万岁皇爷，臣观气象，此处虽龙凤之穴，然而浊气笼罩，草莽妖怪游戏其间。这个赛汗能伏豹，必为搅世之恶龙。"皇帝喝令除掉赛汗。可怜的赛汗在众兵的围攻下倒在血泊之中，查干见赛汗死去，也撞死在青石旁。

延年巴林鸡血石摆件

高9厘米

百姓们苦苦哀求皇上开恩，让察汗和查干灵魂升天，而皇帝忌讳他们在天上结合，遍生龙子凤雏，竟残忍地将他们分别埋在两座山峰上。并且，一个在河东，一个在河西；一个头朝南，一个头朝北，一个脸朝天，一个脸朝地，使他们前后不齐，上下不对，左右不逢。转眼十年过去，皇陵建成了。一日，皇帝查看陵墓来到山口，御前卫士慌忙来报："万岁爷，前面道路不通。一男一女两具尸体挡住道路。百姓们传说这尸体已经十年，不腐不烂，就是十年前圣上赐死的赛汗与查干。"皇帝听了惊得"啊呀"一声摔倒在地。皇帝这一惊吓，当夜得病，三日驾崩，临死吩咐："快快烧尸！"

风水大师和州官连忙烧尸，烧了三天，一丝没坏，近前一看，乃是两块巨石。

巴林草原上，皇上下葬的那一天，朝野群臣无不悲痛，突然天上下起了瓢泼大雨，不枯不溢的天池也决了口，两块巨石也变出四肢，向一起靠拢，随着轰然的一声巨响，巨石崩裂，万千石块将皇帝灵柩与送葬的狗官们一起埋葬在砂土之下，不见了。

据后人传说，巴林一带的彩石和晶莹的冻石是查干和赛汗所变，杂质石和狗屎地子石是狗官们所变。

5 ｜ 巴林王劈石出水救军命

清初，沙俄侵边，皇帝命北疆的巴林王邀约上朝格敦王爷，协同一致塞外御敌。

益和漫罕地区遍布流沙，绵延千里寸草不生，巴林王和朝格敦王爷昼夜向边防行进，当时正值六月天气，赤日炎炎，着了火一样炙烤着一望无际的沙漠。阳光一会儿比一会儿毒，沙子一会儿比一会儿热，人脚不能踩沙，张嘴不敢吸气。两支队伍在沙窝里走了两天，所带之水全部喝干，眼见着就要因为缺水而全军覆没。巴林王和朝格敦王爷也渴得头晕目眩，朝格敦王爷说："巴林王，听说你有一口宝刀，能劈石出水，你就救救大家吧！"巴林王苦笑一下，叹口气说："这是人们的传说，有人要害我，就说我们有个宝贝，如果真能劈石出水就好了。"但是，他们看到兵士们期待和渴望的目光，明知是不可能的事情，还是举起刀来把一条石脉劈了，没想到手起刀落，那石头真的迸出水了。

据后人传说，这条石脉原本这里是没有的，因为看到御边的兵将缺水受累历尽了煎熬，躺在地下的查干和赛汗，再也忍受不下去了，不能这样眼睁睁地看着自己的亲人因缺水而全军覆没，于是显灵，将地下之水吸在石上，当巴林王的宝刀劈向石脉时，神水崩涌而出，如天降甘露，救了全军将士的性命。

6 | 格斯尔射石除魔变美石

很久很久以前，主管巴林草原的王汗名叫格斯尔，他拔山填海，力大无穷，人们都称其为大力士王汗。有一年，草原上不知从哪里钻出来一个凶恶的十二脑袋妖怪，这个妖怪的名字叫芒古斯。它祸害牧场，伤害牛羊，给草原带来了巨大的灾难。牧民们恨透了这个十恶不赦的妖怪，但又无力降伏它，只得任其肆虐。格斯尔大汗也恨透了这个十二脑袋的妖怪，决定要把它除掉，还牧民一个安居乐业太平盛世。于是全身披挂，携刀带箭同芒古斯大战在巴林草原上。当他们大战七七四十九天时，芒古斯渐渐体力不支，败了下去。格斯尔大汗也不追赶，因为他也觉得肚子饿了，于是搬来三块大石头，在草原上支起火锅来做饭吃。谁知刚支上锅，饭还未熟，芒古斯妖怪又出现了，趁机飞过西拉沐沦河，施用妖法，将天空变暗，地面上顿时伸手不见五指，它想采取突然袭击的策略使格斯尔瞬间死于非命，哪知格斯尔大汗看得真切，灵机一动，计上心来。待芒古斯怪兽快到自己身边时，一下子把锅和三大块滚烫的石头推了下去，芒古斯十二个脑袋立刻被烫掉了六个。它忍着疼痛就地打了个滚儿，逃掉了。

为了彻底消灭十二头妖怪，格斯尔大汗顾不上喝水和吃饭，他横刀跨马并携带弓箭追赶妖魔。芒古斯为此也不得不应战，两个从地上战到空中，又从空中战到地上，只杀得天昏地暗，飞沙走石，芒古斯被烫掉的六个头疼痛难忍，魔法减弱；格斯尔大汗盛气凌云，越战越勇，渐渐地芒古斯败下阵去，虚晃一招转身逃走。眼瞅着它翻过一座高山就要销声匿迹了，格斯尔大汗看得真切，立即取出了弓箭，弯弓满月，振臂飞矢，向芒古斯射去。那一箭直穿前面大山山脊，一声巨响，山脊被射落一块巨石，这石有三间房子大小，又砸掉了芒古斯五个脑袋，芒古斯惨叫着赶忙逃走，从此再也不敢祸害这一代草原上的牧民了。

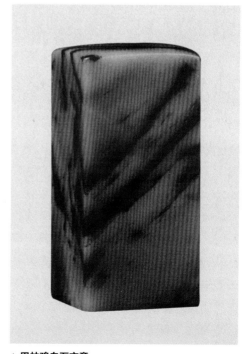

△ **巴林鸡血石方章**

长3.3厘米，宽3.8厘米，高7.7厘米

巨石落地砸出无数泉眼，绕石一周清清流去。石头为降妖除魔立下了大功，当地人们称这石为"幸福吉祥之石"，也就是现在的巴林石。

7 | 康熙皇帝三选姑母茔

康熙皇帝八岁登基，他的姑姑固伦淑慧公主风尘仆仆，专程来京赴朝觐见。她怀抱康熙皇帝坐在龙位上，接受文武百官三拜九叩。康熙皇帝感激姑姑爱己之恩，发誓在有生之年，认真善待姑姑，活着让其颐养暮年，殁了为其三读祭文，还亲自把她遗体安葬于巴林。为了择好茔地，康熙皇帝亲自钦点了两名风水先生，让他们一先一后到巴林查看吉穴。

第一位风水先生到了巴林，攀山望水，从东到西，由北向南，迤迤逦逦来到了一个叫赛音宝力格的地方，只见前面有西拉沐沦河似蛟龙一样缓缓流向远方，背后有烟雾缭绕的巴彦汉山绵延起伏，正中位置还有一眼清泉自然涌出，泉水甜似甘露，馨香沁脾。风水先生架起金壳罗盘针，按八卦方位、二十四方向，打了一盘，然后叹道："此乃天下第一吉穴！"遂在穴位上埋下一枚铜钱为记，回京禀报。康熙皇帝听了，大为高兴，又派第二个风水先生出去查看吉穴。

第二位风水先生巡回巴林山河，最后也是选定了巴彦汉山前，将一枚银针插入吉穴而还。皇帝改派大臣验看，银针正好插入第一位风水先生埋下的铜钱孔内。康熙皇帝觉得此处甚合朕意，于是传命皇太子将在此让皇姑扶柩落圹。

次日早朝，文武两列，固伦淑慧之子纳木扎公爷带领巴林二十名台吉，贡了驼马珍珠宝贝，入金銮宝殿谒见皇上，行三跪九叩之礼。皇帝见这位表兄天庭饱满，地阁方圆，肩宽背厚，两手过膝，一表英姿，龙颜大悦。一时百官无事，击鼓退朝。

康熙皇帝刚刚回到后宫，忽闻仪卫大臣有事禀奏。于是下令准见。只听大臣奏道："万岁，适才早朝，臣见皇上龙体似有不安之处，是否请太医前来诊视？"

"朕未曾察觉不安呀？"

"这就是了，刚才愚臣见巴林公谒拜之时，皇上龙身不稳，摇晃不已。以往诸旗王爷朝觐皇上时稳如泰山，我以为龙体不安呢。"康熙爷听了一愣："你说什么？我龙身摇摆，我怎么不觉得？尔等欺朕，莫非敢图龙位么？"康吓得仪卫大臣赶忙叩头谢罪。

次日，巴林公拜见毕，康熙问大臣，证明仪卫官所说确实是实情。于是吩咐调查其中原因。经查实，皇姑淑慧陵寝之地乃是龙穴，所以青岚万丈，紫气千重，上罩五彩祥云，预示主出天子。康熙皇帝大惊。开始要关押巴林公，后怕天下人耻笑，按太师之礼召见风水先生另选吉穴安葬，这次选在了巴彦汉山后。

一年以后，时值康熙皇帝巡边打猎，路过此处，向姑母祭灵，见陵园长着奇异的花果树木形似凤尾。细问大臣，谁也不认得。皇上看了山相，皱眉问道："此地为何名？"太师叫过风水先生。风水先生答道："此为凤凰山……"

康熙又一次震惊："啊！有凤岂能无龙，真乃欺君太甚！"

风水先生伏地跪禀："皇上恕罪，此事罪臣原已虑过。皇上请看，这凤凰山，我已命人砍断山脊，便是砍断了凤翅，山下查干沐沦河水虽似蛟龙，臣已修了东西两庙，一镇龙头，一压龙腰……"皇帝怒道："胡说，你何曾压得住!你看大小山头都朝凤凰山歪倒，分明又是龙凤之地，欺君之罪，何以饶恕！"

"万岁爷饶命！"风水先生哭道，"那边还有一个穴位，于旗北额尔德尼山下。此陵北虽好，于皇朝无奈，不过山前还有一山，恐于公主有碍，未敢就葬，除此以外，巴林无好陵地……"康熙皇帝听后一时沉吟不语，仪卫太师捋着胡须想了半天道："闻风水先生有点穴之功力，也有破穴之能力，可将祸穴点为吉穴，只要与我朝无奈，尽可办之。"

风水先生一听，如同死刑遇上赦官，顾自己脑袋要紧，哪里顾得上公主，连忙答应，迅速迁葬。谁知所迁之处，由于公主历经龙凤二穴，身带龙凤之气，所以额尔德尼山就长出了一块石头，开始像牛头，接着像虎头，最后像龙头，如果再长就出龙角了，吓得风水先生命石匠日夜打石，凿山起卵，又费了好多周折，最后还是赔上了性命。

俗话讲："事不过三。"选吉地陵墓却超过了三次，可见查干沐沦风水之好，难怪有此奇石。

第三章

巴林石传统分类

　　巴林石因产于内蒙古赤峰市巴林右旗而得名。巴林石属天然彩石的一种，其色彩丰富，品种繁多，是中国著名的四大印材石和中国候选国石之一。属含水的铝硅酸盐类矿物，是以高岭石、地开石为主的多种矿物组成的黏土岩，因矿床坐落于内蒙古巴林草原而得名，其主要成分为三氧化二铝和二氧化硅，其次含微量铁、锰、钛等氧化物，部分含较多的汞的硫化物，摩氏硬度为2～4，密度为2.4～2.7。

　　巴林石的品种分类，传统上是依据巴林石的颜色、质地、纹理和结构而确定的。按不同角度分为巴林鸡血石、巴林冻石、巴林彩石、巴林福黄石四大类共计上百个品种。在正式确定分类巴林石之前，首先要对巴林石品种名称进行一次整理，使其统一，以利于生产和流通。整理的原则是，在其矿山原有命名的基础上，结合北方地区的称呼，加以比较提炼。这样，其全部品种名称的由来，便可归纳为三个方向：

　　第一，借用语。主要来自福建寿山石的名称，如"芙蓉冻""瓜瓤红"等，这是由于巴林石的某些品种同寿山石的这些品种极相似的缘故。

　　第二，据颜色形象命名。如"桃花冻""水草花"等，这多是巴林石矿的工作人员在长期实践中总结出来的。有些名称如"桃花冻"，虽然与寿山石的品种名称相同，但内涵上却有很大区别，巴林石是根据它那淡淡的粉红，晶莹欲滴的质感，有如春天里的桃花而命名的；而寿山石的桃花冻，则是在白色透明的地了里有像小米粒大小的鲜红颗粒，形象如同无数朵鲜艳桃花竞相开放一般。这一点应加以注意。

　　第三，约定俗成。有些品种从一产出就有了名称，如"红花石""黄花石"等，虽然名称比较朴素平白，但基本准确，且自然顺口，习惯了，便不再做改动；而对一些有伤大雅的名称，则作了必要更改，如将"黑毛驴"改为"鬼脸青"。

　　由于巴林石开发不久，专门研究巴林石的人还不多，相对有关专著还很缺乏，目前，可知者有胡福巨所著《巴林石志》，将巴林石分为鸡血石类、冻石类及彩石类等三大类。夏法起著《青田石全书》，在常用外地印石一节中，根据《巴林石志》将巴林石名称作了简明整理，并在名称前冠以"巴林"二字，以作权宜。窃以为，冠以"巴林"二字是较为客观的。如鸡血石，既然昌化、巴林均产鸡血石，且质量差别很大，冠以地名，便于区分，即："昌化鸡血石""巴林鸡血石"为宜。按《巴林石志》的分类名称加以析比。

一

巴林鸡血石

巴林鸡血石类主要特征是含有汞化物，因颜色如同鸡血而得名。石地冻透，血色鲜艳，相映成趣，可谓中国独有的稀世之宝，有"一寸鸡血一寸金""危难之时舍黄金守鸡血"之说，主要产于矿区西部1号矿脉组内。

巴林鸡血石的质地多为透明或半透明，颜色分为鲜红、朱红、暗红、橘红等。血形呈片状、块状、条带状、星点状分布于石中。在巴林鸡血石的种类中，其共性是含有硫化汞使得石头不同层次地呈现红色，有的以质地特征分类，如：黄冻、黑冻、羊脂冻、灰冻等；有的按颜色以"红"命名，如：夕阳红、翡翠红、彩霞红、牡丹红、芙蓉红、金银红、水草红、彩练红、三彩红、白玉红、鱼子红、金橘红、龙血红等。

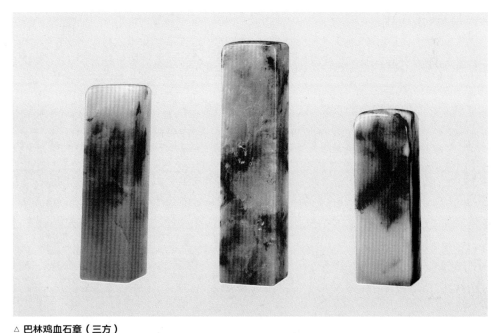

△ **巴林鸡血石章（三方）**

长2厘米，宽2厘米，高6.2厘米／长2厘米，宽2厘米，高7.1厘米／长2.1厘米，宽2.1厘米，高8.8厘米

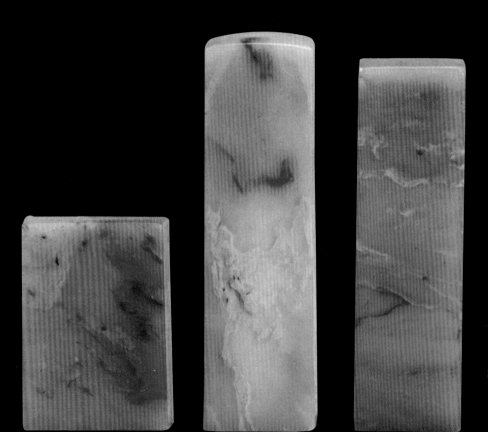

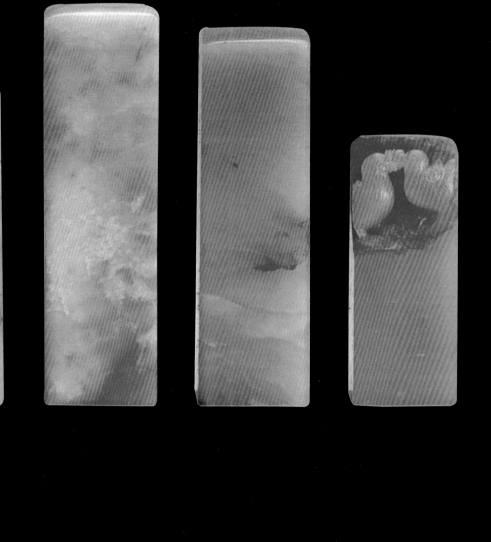

△ 钟馗嫁妹巴林福黄冻石摆件

　　长15.5厘米

巴林鸡血石章（两方）

边长2厘米，高6.5厘米／长1.9厘米，宽1.8厘米，高7.3厘米

巴林鸡血石血的艳度、血的状态和质地的透明度是决定鸡血石质量的三要素。血的颜色应为鲜红色,纯正无邪。颜色偏粉则为嫩,偏紫则为老,当红色的鸡血表面出现黑色闪光的金属光泽时,则是鸡血(汞元素)在空气中氧化的特征。鸡血分布的状态以条带状为佳,片状次之,散点状又次之。总的来说,鸡血所覆盖的面积越大,价值就越高。如果出现自上而下弯曲流动状态的鸡血,就更是难得的珍品——此多为收藏观赏之用,用于雕刻治印者绝少。

1 │ 黄冻

黄冻即巴林黄。在黄色巴林石上生有红汞石,以色纯不杂,红而不淡者为佳,难就难在黄地上杂有斑纹,红色血上又加以白色或粉红色,无法使其纯黄或纯红。此种冻石为冻石家族中的佼佼者,尤其是不甚透明的鸡油黄色的地子,配以纯正鲜艳的鸡血,极为醒目,是难得的珍品。

△ **巴林黄冻石古兽钮章(三方)**

边长3.9厘米,高14.2厘米/边长4.4厘米,高11.7厘米/边长4.3厘米,高14.8厘米

2 | 黑冻

黑冻即牛角冻，黑非纯黑，如牛角色，以地血色纯、血色红正凝聚者为佳。地色黑灰，亦有较浅颜色，或纯净无瑕，或带纹理。在黑灰色的地子衬托下越显深沉热烈，地子的颜色越深越纯净就越能与血红色形成对比。杂以别色者不可取，血散者也不可取。此品种也是难得之珍品。

3 | 羊脂冻

羊脂冻玉肌凝脂，入手心荡，自是冻石中上品。在极鲜嫩的地子上若有鲜艳的鸡血，红白相映，皓齿朱唇，更是十分宜人。如果地子和血色均属中上之选，即为难得之珍品。以血多、纹路自然流动者为佳，往往红白分明者不易，总是杂以它色不能尽如人意。

4 | 刘关张

刘关张，此品种应具备三种颜色，红黑黄或红黑白，红自然是鸡血，黑为牛角冻，黄为巴林黄，白为羊脂冻。石质细腻，色彩对比强烈，为鸡血石中上品。其间不能有其他杂色，各色所占面积比例不可过于悬殊。如完全符合如上要求，就是珍品中之珍品了。现有人将具备此三色（红非鸡血）的石材亦称为刘关张，虽无不可，但总有砖玉之嫌，牵强之感。刘关张的名称最早出于日本，它巧借了中国历史上三个著名人物的特征，刘备（黄白）、关羽（红）、张飞（黑），三色结合在一起，寓意同生共死的友谊。此名传入中国，如同己出，立刻被接受了。此石极为难得，万不选一，是巴林鸡血石中的极品。

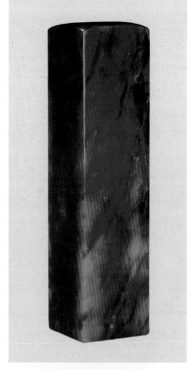

△ **巴林刘关张冻石地鸡血石方章**
边长3.2厘米，高13厘米

5 | 灰冻

灰冻，此品种近似昌化鸡血石中的瓦灰地品种，地子呈明亮的淡灰色，不透明至微透明，无杂色及条纹，血色纯正且多为上品。地佳色艳者较少见，色浅或有白色条纹的中下品则多见。

6 | 花生糕冻

花生糕冻体中有黄、白块斑，如同花生糕，极富情趣。此品种也类似昌化鸡血石的一个上好品种。优劣以地子的块斑边缘整齐，特征明显，血色艳度来区分。这种花生糕现象在昌化石中非常普遍，而在巴林石中则较少见，故也属难得之品种。

7 | 芙蓉冻

芙蓉冻呈粉色，微透明至半透明，温润可爱。地色虽然与鸡血红色反差较小，有喧宾夺主之嫌，但由于芙蓉冻本身就很珍贵，尽管有此美中不足，仍不失为珍贵品种。该品种色彩鲜明，艳丽，色调柔和凝重，显现出芙蓉映月的景色。其光泽显赫，明亮。质性温润、细润、晶莹，富红艳之美，俏丽之姿。其构成粉红色是地开石中均匀地分布着细小赤铁颗粒所致，此石属于绵料容易保存。

8 | 瓷白鸡血石

瓷白鸡血石因石质地细洁、白如瓷器并在瓷白的地子上含有鸡血的印石，即瓷白鸡血石。地子白而干且不透明，与鸡血红色对比虽然鲜明，但整体感觉呆滞，缺少活力，缺少灵性，干燥艰涩，品质一般，属鸡血石中的下品。

9 | 紫鸡血石

紫鸡血石是近年来巴林鸡血石中开采的新品种，其鸡血部分由黑辰砂组成，故其色呈紫红，化学性质稳定，不易褪色，可与昌化鸡血石媲美。

10 | 红花鸡血石

红花鸡血石是一种微透明至半透明，含淡红至深红鸡血，石质细腻光滑，具有活白、白绿等杂色地子的鸡血石。鸡血的红色十分靠近，反差很小，形成"地子吃血"状态。这种鸡血石与鸡血一起显得混不清，该品种鸡血质量越好，越令人可惜。一般来说没有大的收藏价值。

11 │ 夕阳红

夕阳红也称为血王，是巴林鸡血石中的绝品，王牌。该石主体颜色为黑红相间的两种色彩。红色，红得鲜艳，红得绝妙，犹如夕阳。黑色，黑得凝重，黑得诱人，黑得协调，色如牛角。其光泽显豁，灿烂，明亮，给人一种耀眼夺目之感。质性温润、细腻、洁净、凝重、明透，富有生气和灵性。为黑色锰、钛混合矿物。红色是辰砂，打磨后油质光泽，属脆料。容易出现裂纹。

12 │ 翡翠红

翡翠红是巴林鸡血石的罕见品，绝品。巴林石在色彩上十分丰富，不足的是缺蓝少绿。而该品主体颜色是绿色，绿色中又分布着红色鸡血，绿扶红，红衬绿相映生辉，真是绝妙的天然丹青画世上太稀少了。其中绿色犹如翡翠，红色似火。其色彩鲜艳，色调协调。光泽柔和亮丽显豁，晶莹，质性温润、细腻、净凝、冻感强，富有生机和灵性。其绿色是混入绿帘石矿物而成。在巴林石中属于稀缺，现无产出，被称为绝品。

13 │ 鸡油红

鸡油红是巴林鸡血石中的极品。以巴林福黄石色彩为主体，血色以条状或片状分布在石体中。其色彩鲜艳夺目，色调协调，红者、红得饱暖，红得实在。黄者黄得温柔、黄得大度，犹如秋天的景色，金灿灿的稻谷，红艳艳的果实。其光泽华美，柔和闪亮。而质性温润、细腻，犹如美少女的皮肤，具有生机和活性。巴林石中福黄石本身就是珍贵品种，而又有鸡血，显然更珍贵了。石质为绵料，产量很少，弥足珍贵。

14 │ 大红袍

大红袍是巴林石鸡血石的珍品。通体红色，没有一丝杂色。而血色能够达到占石体百分之八十以上的俗称"大红袍"。红得耀眼夺目，鲜艳无比，美丽多姿。其光泽油亮，犹如镜面。质性温润、凝华、细腻。有温暖富裕，事业红火之意。产量极少，价格相当昂贵。

15 │ 彩霞红

彩霞红是巴林鸡血石上品。以黄色和白色、黑色为主，血色成片状或条状分

△ **金蟾献瑞、巴林石鸡血彩霞红方章**

边长5.3厘米，高10厘米

△ **巴林彩霞红鸡血石（三方）**

长4.7厘米，宽3.4厘米，高16.3厘米／边长3.9厘米，高17.3厘米／边长3.9厘米，高15.8厘米

布。光泽闪亮，华温润华丽，质性细腻。像傍晚的彩霞那样美丽迷人。黄色为褐铁矿质，红色为辰砂浸染。此品种产量相当低，市面上少见，弥足珍贵。

16 | 牡丹红

牡丹红是巴林鸡血石珍品。通体粉红色透明状，且布满片状的鸡血。整体雍容华贵，富丽堂皇。色彩鲜艳，明快夺目。犹如盛开的牡丹花。光泽油亮明洁，犹如盏盏红灯。质性温润细腻，莹华柔和，犹如童肤，富有生灵，偶有产出。主要成分为赤铁矿的微粒。鸡血为辰砂浸入。目前市场上很难见到，价格特别昂贵。

17 | 福黄红

福黄红是巴林鸡血石珍品。以黄色为主，石面中有条状的鸡血，犹如晚秋的夕阳，洒落在金灿灿的草原上，景色迷人。色彩明快，光泽艳丽，华贵。质性温润、细腻、净透，富有灵气和神韵。产量不高，石性以绵料为主，少有脆料。为地开石、水铝石和辰砂矿化而成。市场上少见，价格珍贵。质地冻感强，色彩正，光泽度油亮，柔润者为上品。

18 | 水草红

水草红是巴林鸡血石奇品。白地黑花，点滴血红，妙不可言。地子佳，水草花鲜明生动，血色艳而分布匀称，极为罕见。既是鸡血石品种中的佳品，又是观赏美石之佳品。色彩鲜艳，醒目，色调美观。光泽明透彩亮。质性凝重，细腻，富有灵性，为天然石花（如冬天的窗凌花）在铁锰等有机质的构造作用下，充填辰砂形成血草。目前产量很少，品种奇特珍贵，价格也昂贵。

19 | 金银红

金银红是巴林鸡血石名品。白、黄地子，鲜红血色。红色显得红火富有生机；黄色显得富贵，有灵性；白色，显得纯洁高雅。色彩鲜艳，光泽明亮。质性温润，莹华。其白色是无染色矿物。黄色是含铁、锰矿物。而红色是辰砂矿化而成。目前市场上能见到金银两色，配对协调者少，上品价格比较珍贵。

20 | 彩练红

彩练红是巴林鸡血石中的重要品种。一般都是以丰富的色彩形成分明的线条出现在石体中。犹如当空舞起的彩练，并以血色为主，故而称为彩练红。该品种色彩鲜明，华丽，色调多感，和谐。质性晶莹明透细腻，富有神韵和动感。其主要成分为辰砂、锰等物质元素。品种条状分明，色调谐和，动感强者为上品。

21 | 三彩红

三彩红是巴林鸡血石珍品。红、白、黑三色相间。血如网状烈焰，白斑块似坚冰；黑色的地子如苍穹、乌云。色彩鲜艳，华丽谐调。质性凝重，华润，富有神韵和霸气。其黑色为锰、钛矿物。白色是热力作用下原有色质褪色而成。红色是辰砂。产量较高，以色彩鲜艳，润透细腻为上品。

22 | 白玉红

白玉红是巴林鸡血石精品。以白色为主体颜色，上面分布着鸡血。色彩鲜明，光泽艳丽。质性温润，细腻，富有神韵，给人一种冰清玉洁之感。为高岭石裂隙充填了较纯净的辰砂矿物而形成，属绵料。至今仍有产出。以质地无杂，洁白如玉，鸡血分布谐和，血面多而宽者为上品。

23 | 鱼籽红

鱼籽红是巴林鸡血石品种中又一奇特品种。灰红色为主体颜色。石中均匀地分布着密麻黄色、白色，黑色等圆点，犹如孕育着生命的颗颗鱼卵。色彩鲜艳，色调华美，光泽油滑，质性温润，属绵料，易保存。是原地开石矿体中残留了高岭石颗粒形成鱼子，又辰砂浸入形成红色。该石产量很少，精品价格较高。

24 | 冰花红

冰花红是巴林鸡血石中的重要品种。有的通体血色出现，有的以灰白色地子出现，也有的以黄色、灰黑色等地子出现。

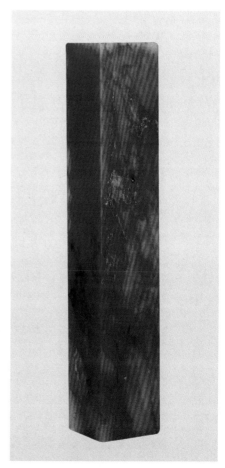

△ **巴林白玉红鸡血方章**

边长3厘米，高16.5厘米

石体中还有不规则的白色角砾，犹如片片冰花点缀，故名冰花红。该品种色彩鲜艳，红色，红得耀眼；白色，白得醒目；黄色，黄得自然。其光泽亮丽，华贵。质性温润，凝华，富有生机和灵气。此石偶有产出，价格一般。

25 | 火山红

火山红是巴林鸡血石佳品。主体颜色为黑白色，也有其他颜色。而红色的血如熊熊的大火；黑色的面，如滚滚烈焰，给人留下火山爆发，岩浆向上迸出的感觉，故名火山红。该品色彩鲜艳、耀眼夺目、光泽明亮。质性属冻质，绵料。特点是细腻，净透，富有灵性。其构造为地开石渗入大量辰砂形成红色，大量锰钛浸入成青黑色。该品种以喷发动感强者为上品。

26 | 杏黄红

杏黄红是巴林鸡血石中的特殊品种。以杏黄色为主体，并夹杂着少量杂色。而红颜色集中或散落石体中一部分，犹如熟透的黄杏，得到光照而发红。此石色彩鲜艳，色调柔和。光泽华亮彩丽。质性柔润，细腻，富有生机。其构成是以高岭石、地开石由辰砂侵入裂缝形成冻石、彩石、鸡血石三位一体，因而十分名贵。

27 | 赤壁红

赤壁红是巴林鸡血石中的特殊品种。以血色为主，黄白色为辅，灰黑色点缀组成碧江烟火，色彩鲜艳，美观，生动。色调柔和，光泽亮丽。质性温润，细腻华凝，富有生机和活性。其构成原流纹岩中渗透辰砂质而形成。此品种地子呈波纹状，血色有升腾者为极品。目前此品基本绝产，市场上也很难寻见，其价格难以估定。

28 | 蜜枣红

蜜枣红是巴林鸡血石中较常见的品种。该石以红棕色为主体，血色点点，不均匀地分布在石体之中，犹如熟透的蜜枣，赏心悦目。其色彩鲜艳华丽，喜人；光泽明亮，柔和；质性温润，细腻，富有灵性。此石在形成过程中，由于有锰、钛质相互渗透，形成了该品种的棕色。从没有大量产出，且属特殊品种，因而一直被收藏者看好。

29 | 朱砂红

朱砂红是巴林鸡血石珍品。主体为朱红色，时有极少量黄色或白色均匀分布石体中。同时还有密密麻麻的微细的辰砂粒分布其中，犹如入药的朱砂均匀地洒在血石中。色彩鲜艳，色调协调，光泽柔亮。质性温润。其产量极少，市场上也不多见，价格很昂贵，难以参考。

30 | 玫瑰红

玫瑰红是巴林鸡血石上品。灰白色地子，也有浅灰色、黄白色等多种地子色彩。杂以紫红色犹如玫瑰，故称为玫瑰红。此品种色彩醒目，明快，色调谐和，光泽艳丽，有油光。质性温润，凝重，有冰感和通灵。血状成片，犹如彩云或彩霞悬挂在空中。由地开石和辰砂矿化而成。有少量的产出，目前市场上多见，其价格也比较合理。而地子有冰感，色彩明快，血色正、浓、鲜，血多且成片状为上品。

尽管巴林鸡血石的品目相当繁多，并且在色彩和地质上都和浙江产的昌化鸡血石异曲同工，但还是不能把巴林鸡血石与昌化鸡血石等同看待，甚至认为蒙古鸡血不是真鸡血，"蒙古鸡血不过是巴林石的一种，巴林石质向来较差，含杂质多，不少含有砂丁，地质不如真鸡血般细腻，而且不大适刀，其血色差得很，不鲜亮、无灵光也很淡，不少档摊便以这些淡红条点或斑纹以蒙古巴林石充鸡血骗人，牟取暴利"。这是由于巴林鸡血在各方面都不及昌化鸡血，而在人们心目中造成的固有观念所致，总觉得某地已产有理想的鸡血石，如果另一地也产出同名而不同质的鸡血石，而且又有以别地所产来冒充此地所产者以牟利的现象，即会让人们产生别处所产为假货的观念。这也实属人之常情，无可厚非。

从石质上看，昌化鸡血石与巴林鸡血石是一致的，只是巴林鸡血石的硬度，低于昌化鸡血石，不能像昌化鸡血石抛光后出现如镜面般的"硬光"那样的清亮，而是再抛光也带有"混浊气"。以刀试刻，昌化鸡血刻落的石屑为不定型的"粒状"而巴林鸡血为粉状。以外表观察，由于质地软多呈现粉冻状且欠灵气，少沉着，明显感觉是另外一种石料，还有最大的一个缺点就是地子不纯净，几乎没有纯一色的冻地，往往在一色的地张中杂有别色，即使是基本一色，也杂有斑纹而深浅不一。血红部分，成分也为硫化汞，但可能孕育时间太短而显嫩，沉着度不够，往往伴以淡红、粉红及白色，血色不能凝聚，或呈丝状、散状、点状，绝少大片状，更少如泉水涌起状者，血色最大的缺点是不耐光、易氧化，见光不久即变红为黑暗色。

鉴于以上原因，巴林鸡血的身价始终不能与昌化鸡血相比。但当前昌化鸡血产量极小，几乎面临灭绝，佳石不易得且价格高于田黄，收藏者又不愿轻易示人。若从治印的角度看，在巴林鸡血中，觅寻较纯净质地的黄地鸡血，羊脂地鸡血，牛角地鸡血，血色鲜艳纯正，相对凝聚者，只要价格适中，也不失为明智之选。

二
巴林冻石

人们喜爱冻石，一是它似玉非玉，极其珍贵。二是它晶莹温润，有人比喻说：人生如不能得一温柔的妻子，就应该求一方冻石章，补上这份遗憾。三是它在篆刻时，因为密度大，硬度高于一般石材，性脆，易崩碴。所以金石味最佳。

冻石是巴林石中佼佼者，其质地温润、细腻、凝华、柔美，富有灵性。有半透明的冻石和纯透明的晶石之分，色彩较丰富，有黑、白、黄、红、黑灰、蓝等诸色。晶石中还有无色透明的，酷似水晶，但肌理中有"冻"状，透明度也不如水晶。巴林冻石中分绵性和脆性两种。绵性石料在开采中如不受大的震动，一般无裂，而且适于受刀，易于雕刻，比较容易保存和收藏。脆性石料容易开裂、风化，即便不受撞击震动，也会自行开裂，裂纹往往细小难辨，待到加工磨光之后，方才纵横交错赫然显现，让人叫苦不迭。加之性脆，给制钮和篆刻也带来一定的麻烦。一般来说，绵料多产于矿区西部脉组，脆料多产于矿区东部矿脉组，这与矿脉生成期的地质变化有一定关系。根据观察和检验，越接近地表的石料，质量越好，性绵不易风化开裂；而地表深层的石料则多出现风化开裂现象，多呈脆性。

巴林的优质冻石与田黄、封门青等放在一起，质地、色泽、透落、莹润和美感都难分上下高低，因其是与叶蜡石很近似的一个品类，只是产地不同而已。巴林冻石清澈透明，光彩照人，充满生命中的动感和灵性。其品种繁多，色彩绚丽，纹理奇特，得到国内外玩石专家、篆刻家、收藏家们的亲近和珍爱，可见其魅力的确不凡。目前，巴林冻石在市场上能见到近百种，但石质好，地子纯净、光泽强、色彩正的优质品约在五十余种上下。俗话说："一母生百子。"一样的山，一样的土，所产出的石大不一样。从颜色上分，有的白，有的黑，有的粉，有的红……从质地上看：有的绵，有的脆，有的软，有的硬……从光泽上看，有的耀眼夺目，有的暗淡无光，有的明透浑厚，有的油亮滑光……实用上也不尽一样，有的磨成印章，有的打磨成自然形，有的做人物，有的雕花草……有趣的是同样大小的一块巴林冻石，这块可能价高值百万，那块价低值百元。在命名上以天文、地理、动物、植物……为主。有的非常典雅，如"艾叶冻""桃粉冻""玫瑰冻""芙蓉冻""晨曦冻""霞光冻""晴雨冻""潇潇冻"等；有的非常土俗的，如"酱油冻""炒米冻""花斑冻""豆沙冻""卵石冻"；还有的是雅俗共赏，如"黄金冻""铁砂冻""流沙冻""冰花冻""彩花冻""蛇皮冻""牛角冻"等。

1 | 巴林黄

巴林黄微透明状，以鸡油黄色，无一丝杂质为最佳，石性很好，坚而不脆，不易发生绺裂现象，极为受刀，是制作印钮和雕件的上好材料，尤其做精细雕刻最为得心应手，此品种沉稳端庄，天然高贵。又有人称之为"巴林田黄"，可见其珍贵。石常生于其他冻石之中，为一带状，故得大块者，常被人再染色，将两面石皮处做薄意雕刻，充作田黄出售，行内人一见便知，色有深浅，通灵度较田黄石远甚，清亮度不及寿山水坑石，多显混浊，肌中偶有黄色石糕，故以鸡油黄，无杂质者为上品。此品种在巴林石所产甚微，得之不易。此石常夹生于其他颜色冻石之中，形成一条黄色冻线，很少有独立成块产出，所以成品多为小方章或随形，大而方的印章极少见，故极为珍贵。

2 | 刘福冻

刘福黄是巴林冻石之最，集极品、珍品和稀品于一身，又名"刘福冻""福黄"等。刘福是一个采石班班长，常年与巴林石打交道，对巴林石可谓再熟悉不过了。1983年冬季，当他开采到一窝冻石，那黄澄澄、莹澈澈的冻石让人激动不已，爱不释手。可是，在这露天采坑的旁边，有一种潜在的危险，土质松软，冻石中不断有水流出，在深坑中不能排水，在水的浸泡下，随时可能发生塌方和溜坡，溜坡后山石就会倾泻下来，那样，这窝石材就会被埋没。如果开采，矿工们随时会有生命危险。

那窝冻石太透人了，刘福带领一班人冒着生命危险，忍受着石缝滴水的寒凉，拼命抢进度，终于把石材的大部分抢了出来，可是刘福却因严寒冻泡全身瘫痪了。石矿耗资数万元抢救了这位功臣，虽然留得了性命，却终生丧失了劳动能力。

可惜当时人们救人心切，匆忙中开采出来的冻石未埋好，事后发现那些冻石许多被风化成了碎块。这种冻石质地之好在巴林石的开采史上是空前的，能否绝种难下定论，如果在刘福卧子处再进行大量艰巨的土石剥离，还可回采一小部分这种冻石。

此种冻石颜色为橘黄、金黄、鸡油黄和淡黄，其质地和特点与田黄石相比，毫不逊色，并且其中少量冻石也具萝卜纹，无怪乎现在市场上销售的田黄石有很多就是这种冻石，使很多有经验的藏石家们也真假难辨。

3 | 文颜冻

文颜冻是巴林冻石彩冻类中的上品。这种冻石是在刘福卧子里出产的，颜色是黄黑相间，黄色部分晶莹透明，黑色部分质地相反，很似皮冻的沉淀物，质地粗，外观丑，两色石结合成一体，美丑对比强烈，让人想起《三国演义》里的两员大将，一个名颜良，一个名文丑，颜良是个美男子，文丑是个丑汉子，然而二人又是生死至交，形影不离。这种冻石一半美得可爱，另一半丑得可以，很似颜良、文丑，故名"文颜冻"。该品种黑、黄组成的方式多样，有的是黑面大，黄面小；有的是黄面大，黑面小；也有的是上边黑，下边黄，或黑黄相间的。但无论怎样组成，黑色和黄色必须分明，才叫"文颜冻"。此冻石的特点在于黑黄对比，黄色明透艳丽，如巴林蜜蜡黄；黑色，凝重浓淡协调，如巴林的牛角冻。细品此石，使人感到世上的事物都是以对立统一方式存在的，如俊与丑，善与恶，好与坏……文颜冻属脆料，质地细腻脂润，呈微透明状，色彩凝重，油亮光泽，适宜加工印章或做巧雕。产量较多，而黑黄花分明，色形比例适中，且石质透明度较好又无杂质者为上品。

4 | 羊脂冻

羊脂冻是巴林石清冻类中的极上品。该冻石通体为奶白色，如熟羊油，微透明至半透明，以纯净无瑕为佳，稍次者以色泛浅黄且糕者次之，泛粉色者又次之。由于可以成材的石料极其难得，绝大多数都混有其他色彩，所以纯正无瑕的羊脂冻为印材爱好者梦寐以求。羊脂冻属绵料，质地细腻脂润，呈微透明状，油脂光泽，非常适宜加工印章和雕刻各种工艺品，易保存，是收藏者抢手的珍贵品种，谁得之都不情愿出手。产出的数量很少，大块石材更少。市场上常有，但都是成品，价格不菲。

5 ｜ 牛角冻

牛角冻是巴林冻石清冻类中的上品，因这种冻石的颜色和质地类似牛角，故名"牛角冻"。黑灰色半透明，内有纹理，状似牛角。此品种部分为脆料，易出现风化、开裂现象，且间有杂色。故性绵、无绺无裂、石质典型的牛角冻也十分珍贵，适宜做圆雕加工成印章。目前牛角冻包含浅灰色至黑灰色各色度灰色。也有人称浅灰色冻石为犀角冻。以颜色重、透明度好、不脆不裂者为上，其他为次。牛角冻石比牛角更具拙朴之风骨、青黛之美韵，故文人墨客酷爱用此石作印宝。产量较高，市场上常见，其价格也合理。此石属于脆料，适宜圆雕和加工印章。不足的是，此石保养不好易出现裂纹。

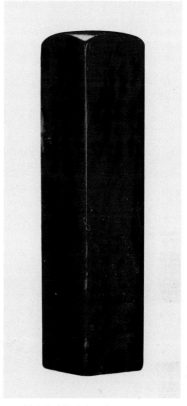

△ **巴林牛角冻地鸡血石章**
边长2厘米，高8.1厘米

6 ｜ 鱼籽冻

鱼籽冻是巴林冻石多色冻类中的奇特品种。该冻石多见以黑色、青色、黄色为地子，微透明至半透明，中间有成片的白色斑点，如芝麻大小，排列整齐，如同鱼卵一般。故名鱼子冻。质地柔和受刀，鱼卵状斑点有时微有沙感。制作雕刻品应考虑利用白色斑点为宜。细观这种不常见的装饰意象，令人感慨大千世界，无奇不有，颗颗鱼子都孕育生命，他们在等待时机，跳跃江河大海中，实现邀游东海的梦想。鱼子冻属绵料，质地细腻脂润，油脂光泽，适宜加工印章、雕件，打磨自然形等。市场价格较合理。以质地灵透，颗粒圆，清晰，且均匀者为精品，是收藏者抢手的佳品。

7 ｜ 鱼脑冻

鱼脑冻颜色淡于牛角冻，透明度略差，色调类似鱼脑，故名"鱼脑冻"。巴林所产鱼脑冻有灰白两种，白色较为少见，主要是浅灰色品种。半透明冻体内部有许多水泡状花纹，萦萦绕绕，极富情趣。所现花纹若隐若现，而不是彩色条纹。其石温润异常，无绺无裂，所产甚微，属珍贵品种。

8 | 羊脑冻

羊脑冻是一种浅粉色的地子，上面布满不十分规则的白色半透明斑块。其间有浅红色或鸡血形成的网状线条分割，恰乎羊脑之上的毛细血管，十分奇特。石质温润易受刀，不易出现绺裂现象。通体无杂色者为上品，较为少见，多数为局部有此特征。

9 | 千秋冻

千秋冻是由蚯蚓冻演绎而来，借其谐音取其吉祥而命名。石材上所呈现的花纹，极以无数条蚯蚓。石质较硬，偶有轻砂，较少出现绺裂，比较常见。适于制作对章及观赏用石。

10 | 虾青冻

虾青冻是巴林冻石清冻类中的上品。这种冻石颜色像活虾，其质地同鱼脑冻，故名"虾青冻"。颜色浅灰泛青，质地细腻脂润，半透明，光泽柔和。以无杂色，透明度高为佳。虾青冻多为脆质，少数为绵脆相间质。以颜色正，透明度高无石病为上品，较为难得。适宜加工印章和把件。产量较大，但都混合杂花，而纯正质地的不太多，如果在石料堆里精心挑选也不难寻到，目前市面上也常见，价格不太高。

11 | 龟板冻

龟板冻地子为青色，有黑或白色不规则的三角形布满石材，类龟板而命名为龟板冻。传说中龟为龙的第九子，百虫之长，四大天王掌管北方的天王原身就是龟，殷人以其甲问卜，日本人把龟视为吉祥物，因其最长寿，人的名字多带"龟"或"松"字。中国曾奉龟为神物，最早的文字就刻在龟板上 后因宋朝盖了个龟蛇庙，给乌龟加以不实之罪，是为绿帽子的同义词，至今沉冤未雪。

12 ｜ 虎皮冻

虎皮冻的冻石上有两色不规则的纹路，类虎皮，纹路颜色或红或黄或黑，在巴林石中比较稀缺，命名为"虎皮冻"。

13 ｜ 凤羽冻

凤羽冻是巴林冻石彩色冻类中的奇珍品种。该冻石的颜色有两种或多种，目前发现一块石纹呈现棕色的羽纹和灰白色的羽毛状，活灵活现，栩栩如生，真好似鸟儿的羽翅，凝结在石里，令人惊叹不已，感慨万千，遐想纷纷。故名凤羽冻。凤羽冻属于绵料，质地细腻脂润，呈微透明状，油亮光泽。非常珍贵。

14 ｜ 蛇纹冻

蛇纹冻是巴林冻石彩色冻类中的佳品。该冻石多见青灰色，也有植树皮色、灰白色和黄土色等。石面上布满了网格状纹理，很像蛇皮纹，故名蛇纹冻。蛇纹冻的纹理清晰，鳞片特征鲜明，一般为白黄色，在冻石地子色中过渡，活灵活现。蛇纹冻属绵料，质地细腻脂润，微透明，硬度适中，蜡脂光泽。适宜加上印章和巧色雕刻等。

15 ｜ 薄荷冻

薄荷冻颜色呈淡绿色半透明，清雅而富于活力，石质细润，多数石料性绵，适于雕刻各种人物，动物，花卉。颜色愈浓者愈妙。石中时有白色腊石如云如缕，雕刻时如能巧妙利用，亦可变害为利。

16 ｜ 艾叶冻

艾叶冻是巴林冻石清色冻类中的极上品。该石通体为灰绿色，色调平稳，无杂色，石面上的石纹像野生植物艾草叶，故名艾叶冻。此石纹确实是灰绿有致，绿茵茸茸，令人想起"芳草和烟暖更青，闲门要路一时生"的诗句来，感悟人生的价值和生命的珍贵。艾叶冻属绵料，质地细腻脂润，微透明，瓷光泽，色彩柔和。一般为黄绿色，深绿色如同树叶者最为稀少，也最为贵重。此品种极少产出，纯净块大的艾叶绿实为难得，故收藏者多为只闻其名，不谋其面，市场上难以见到。产量少，无大材，为稀世珍品。

17 | 藕粉冻

藕粉冻通体为浓粉色稍带青紫，微透明至半透明，色彩协调，易于受刀，不易出现绺裂现象，为雕刻品的极好料石。对于雕刻技法的表现，易收事半功倍的效果。此石在巴林石中多有产出，但色彩均匀，无条纹杂色者较少。其色调不够明快，有压抑感，是它的缺点。色彩均匀，无杂色者为佳品。

18 | 杨梅冻

杨梅冻呈半透明状，淡红偏紫，色如熟透的杨梅果。石性绵润，不易出现绺裂，质纯而透者极少见，块大而成材者为佳品。

19 | 荔枝冻

荔枝冻是巴林冻石清冻类中的极品。该品种通体为清白色，别无他色。外表与白芙蓉冻石相似。须仔细观察才可发现他们的区别。首先是颜色不同，白芙蓉是雪白色，荔枝冻是清白色。其次是质地有区别，白芙蓉冻石，质地细腻温润；荔枝冻的质地细嫩温润，很像荔枝的果肉，水汪汪的；光泽是鲜亮、水光，呈现欲透不透之感。属绵料，能永久保存。数量较少，更无大块石材，适宜做菩萨雕件和印章等小型雕件。

△ 巴林藕粉地鸡血石方章

长4厘米，宽3.8厘米，高13厘米

△ 巴林藕粉地鸡血方章

边长3厘米，高15.7厘米

△ 巴林藕粉地鸡血方章

边长3.2厘米 高16厘米

20 | 柏叶冻

柏叶冻是巴林冻石彩色冻类中的奇特品。该冻石一般以白黄色为多见，也有灰白色、青白色和其他浅淡色。石面有灰黑色或褐黑色的纹理，形状很像柏树枝或柏树叶故名。柏叶冻的纹理有深浅变化，像是秋雾中的柏树枝叶，时隐时现，具有清雅、舒适的意境。柏叶冻属于绵料，质地细腻脂润，微透明状，油脂光泽，是收藏的珍品。产量不多，同水草冻相伴生，柏叶似针状的少，而大叶的多，有的石纹像柏树干者，是为绝品。

21 | 湘竹冻

湘竹冻是巴林冻石多色冻类中的珍奇品种。相传在舜时，曾往南视察，两个爱妃娥皇和女英日夜思念他，每天望着南面泣哭，泪珠点点滴印在竹子上，就成了著名的湘竹，引得刘禹锡写了《潇湘神》："君问二妃何处所?零陵香草露中秋。斑竹枝，泪痕点点寄相思。"巴林石有种冻石，斑斑点点，形似湘竹，这种冻石可命名为"湘竹冻"。该冻石主要有灰黑色、灰白色两种颜色，灰黑色时隐时现，呈长竹竿形，竹竿上又出现明显的斑点，很像湘竹泪痕斑斑，故名湘竹冻。湘竹冻还有别的色彩，如像竹竿的石纹有土黄色、白色和白黄色等。而底色也不完全一样，有灰色、白色还有其他色的。但不论什么颜色的地子上都有泪痕累累的湘竹图案。这就是自然造化的神妙了。湘竹冻属绵料，质地细腻脂润，微透明状，最适宜加工印章。目前市场上能见到，价格合理。

22 | 潇潇冻

潇潇冻是巴林冻石多色冻类中的奇品。这种冻石质地为牛角冻，上面布满了细细密密的小斑点，其斑点比湘竹冻小许多，极像迷蒙的雨雾，让人联想到一首小诗："风也飘飘，雨也潇潇，红了樱桃，绿了芭蕉。"故名"潇潇冻"。该品种有半透明的，也有微透明，以灰白色为主，石面上有黄色、黑色、灰色等纹理，但最为明显的是石面上布满了密密麻麻的细冻条和丝丝条纹，像是随风飘摇曲动，故名"潇潇冻"。潇冻质地细腻脂润，富有大自然的生机和灵性。其构成是矿体中的劈理被地开石充填后所致。此石多数都是跑卧石，单独成块，适宜打磨自然形在室内摆放，不需刀琢就具备天然的美。

23 | 玫瑰冻

玫瑰冻是巴林冻石中的稀品，其颜色为玫瑰红，娇艳无比。多产于巴林石黏性石料中。易走色，其颜色只有快速加工成品料，封蜡后才能保住。原石很快会褪色。这种颜色在巴林石中极为稀少，在冻石中更是凤毛麟角，难得一遇，命名为"玫瑰冻"。该品种以玫瑰色为主而得名，有红玫瑰、粉玫瑰、黄玫瑰和多彩玫瑰等多品种。特点是色彩鲜艳，色调朴实纯正，层次感强。红色调中染透着粉色，而粉色调中又透微红色，红、粉相得益彰。玫瑰冻属绵料，质地细腻脂润，呈半透明状，色泽鲜艳，光泽明亮。适宜加工印章等。与鸡血石相伴生，市面上能见到，颜色纯正者属珍品或绝品，价格不菲。

24 | 红玫冻

红玫冻是巴林玫瑰冻石类中的一个上品。该品种以紫红色为主，轻透着微粉或微红。色调艳美、娇媚。细观之，给人一种舒心、适意、愉快之感。红玫冻为绵料，质地细腻脂润，呈半透明状，光泽柔亮。适宜加工印章等。其构成以纯净地开石为主，均匀地分布着细小的辰砂颗粒和铬离子在长期矿化作用下所形成。此品种不足之处，由于丁辰砂颗粒细小，见空气极易氧化，造成红色易逝，出矿后如保养不好，会出现严重的褪色。目前市场上不难见到，属于名贵品种。

25 | 瓜瓤冻

瓜瓤冻是巴林冻石清冻类中的极品。该品种通体为粉红色，胜似熟透的红瓤西瓜而得名。瓜瓤冻色彩很美，在颜色较浓的红色冻石中有一条条红筋，如西瓜之筋，红里透染着粉，粉中又浸染着淡白。细品之，留给人们香甜解渴的欲望，知难而进，先苦后甜的感慨。瓜瓤冻属于绵、脆相间料，石质细腻柔和，色彩热情奔放，极为艳丽，动人心魂。以质地透明度高，红色均匀纯正，红筋明显者为上品。如无红筋，则不为此品种。适宜加工各种工艺品和印章。与玫瑰冻相伴生。产量较少，颜色纯正者当属绝品。此品种如长期日晒，或加热过度易褪色，需要精心保养。目前市面易见，其价格也近合理，一般都能买到。

26 | 芙蓉冻

芙蓉冻是巴林冻石清冻类中的极上品。颜色为粉色，淡于桃花冻，重于杏花冻，类于芙蓉玉石，故名"芙蓉冻"。又因靠近鸡血矿脉，石中常带有血丝，俗称"散血"，略以寿山芙蓉，以无杂或红白分明者为佳，但白色为糕者次之。温润受刀，易于雕刻。如印材通体无杂色，则是难得之上品。芙蓉冻的特点是有多种不同的主色调，其中以白色为主的叫"白芙蓉冻"，以黄色为主叫"黄芙蓉"，依此类推。每一种芙蓉冻除主色不同之外，其他的质地等都是相同的。每一种芙蓉冻都有较单纯的主色，色调非常柔和，层次感强，天然质朴、率真可爱。芙蓉冻为绵料，质地细腻脂润，为半透明状，有亮丽的光泽。宜做印章。产量较大，市面常见。但精品较少，价格也很昂贵。

27 | 白芙蓉冻

白芙蓉冻是巴林芙蓉冻石中的上品。该品种以乳白色为主，透染着淡黄、水清或浅粉色，有一种清雅洁白的神韵。白芙蓉冻质地细腻脂润，呈半透明状，富有灵性和动感，有华丽、柔亮的光泽。适宜加工印章和雕刻各种工艺品，雕人物更加独特。产出地点较多，产量不大，而大块石材更是少见。目前市面不难寻到，但纯净的上品还是难得。

28 | 黄芙蓉冻

黄芙蓉冻也是巴林芙蓉冻中的上品。该品种以淡黄色为主，均匀浸透着其他色彩，但色彩较单纯，主色调鲜明，不混浊。细观之，犹如少儿的皮肤，光滑黄嫩，富有生命力。黄芙蓉冻质地细腻脂润，呈半透明状，光泽油亮、艳丽、柔和。此石材加工印章或做工艺品都可以。多数与福黄冻石相伴生。其产量不大，大块石材更少见，目前市面上不难见，价格比较合理。一般人都误作福黄类水淡黄的福黄石，其实是黄芙蓉。

29 | 红粉芙蓉

红粉芙蓉也是巴林芙蓉冻石中的上品。有红、粉两种。红芙蓉以浅红色为主，均透着淡粉色或淡黄色。粉芙蓉以粉色为主，轻透着淡红或淡白色，犹如画师们神笔丹青，多一笔太重，少一笔又轻，恰到好处。红粉芙蓉质地细腻脂润，呈半透明状，玉石光泽。宜做印章。红芙蓉冻是以纯净的地开石质为主，均匀地分布着较微小的辰砂和赤铁矿颗粒浸染，而粉芙蓉是以纯净的冻石为主，分布着细小的赤铁颗粒所形成的。产出地点较多，产量也较大，市面上易见到。由于该石产于鸡血石矿脉的附近处，有的人也称之为散血。

30 | 紫芙蓉冻

紫芙蓉冻是巴林芙蓉冻石中的上品。该石以凝重华丽的紫霞色为主色，纹理是淡淡的赭色，具有片片霞云或东来紫气的装饰意象，给人以吉祥、愉快之感。酷似出水的紫色芙蓉，故名紫芙蓉冻。紫芙蓉冻属绵料，质地细腻脂润，呈微透明状，油脂光泽，适宜加工印章和雕刻各种工艺产品，是巴林冻石中的精品、上品。产出地点多，其产量也好，市面常见到，但色泽纯正的精品少见，而大块石材更少见。

31 | 青芙蓉冻

青芙蓉冻是巴林芙蓉冻石中的上上品。该品种以灰青色为主色，透染着浅淡虾青，似虾非虾，似水非水，淡青色中微透着灰黑，酷似青芙蓉，故名青芙蓉冻。青芙蓉冻属绵料，质地细腻脂润，呈微透明状，油脂光泽。最适宜加工印章和雕刻各种工艺品，雕人物更好，是上等的冻石精品。产出地点较多，产出数量有限，偶有大块石材产出，目前市场上不难寻到，但较纯净的上品不多见。

32 | 松花冻

松花冻形似松花蛋里的松花效果，花纹与质地都极像，又像生物学家采集的松枝标本，这是巴林冻石中的稀品。从开矿以来，没遇上几块此石，在其他产地的印石中也无此石材，命名为"松花冻"。

33 | 杏花冻

杏花冻呈白色，白中透粉，有蜡性，故称"杏花冻"，桃红李白，与桃花冻一起可谓姊妹石。

34 | 桃花冻

桃花冻是巴林冻石清冻类中极上品。这种冻石的颜色似盛开的桃花，娇艳，故名"桃花冻"。淡粉色半透明状，艳若桃花，娇美可爱。石质温润柔和极少产生绺裂。以其雕刻人物、印纽能够充分表达意境。具有桃花盛开的装饰意象，给人以满面春光、春风得意、精神愉快之感。桃花冻质地细腻脂润，洁净无杂，呈半透明状，富有灵性，有油脂光泽，惹人喜爱，此石材适宜做人物雕件和印章。产量较大，而色泽纯正无杂质者较少。目前市面上极品少见，其价格也十分昂贵。

△ **巴林桃花冻石渔翁钮章**

边长3.5厘米，高11.7厘米

巴林桃花冻与寿山石中的水坑"桃花冻"，概念不一，巴林桃花是淡粉红色的冻石，为半透明状，寿山桃花是在透明地子上有许多深粉红色的细点，鲜艳可爱，巴林桃花冻以越似桃花色者越名贵，有糕者次之。

35 | 石花冻

石花冻是巴林冻石彩色冻类中的奇品，该冻石质地以驼毛色、棕色、浅黄色、青灰色等色调为主。上面混合着大小不一，形状不一，疏密不匀的白色斑点，犹如落花残瓣，满地飘洒，故名石花冻。石花冻为绵料，质地细腻脂润，呈半透明状，油脂光泽，色调分明，适宜加工印章和制作自然形更显其魅力。其构成是地开石矿热液上侵交代岩层后形成的白色石斑花。产量较多，现仍有产出，市场上价格合理。质地半透明，石花清晰，形状圆滑，散落均匀者为佳品。

36 | 彩花冻

彩花冻是巴林冻石多色冻类中的佳品。该冻石色彩丰富，鲜艳。石面上有多种主色调呈现，如红色、黄色、白色等。主色调又出现一些异彩的石花。石花色白的名为白花冻，石花色红的名为红花冻，还有黄花冻等，但总称"彩花冻"。彩花冻品种较多，产量也可观，彩花冻属绵料，质地细腻脂润，微透明，油脂光泽，最适宜加工大型的艺术品雕件。其构成主要是地开石为主的矿体上浸染着赤铁矿、锰、钛等元素，形成各种色彩的石花。因矿产丰富，有大材，单块重上百斤，上千斤的都有，是巴林石的主产品种。而色艳，质透者为上品。

37 | 冰花冻

冰花冻也称冰纹冻，是巴林冻石彩色冻类中的上品。该冻石主色是水青色，石面上有各样深浅不一的白色花纹，有的像滚滚波涛溅出的浪花，有的像寒冬河水结冰后的冰花，时隐时现，组成一幅蔚然壮观的景色，故名冰花冻。冰花冻色彩为青、黄、白，儿配协调，有立体感。冰花冻属绵料，质地细腻脂润，微透明，油亮光泽，适宜做印章或制作自然形等。现仍有产出，其地子色不同于以前产出的，多为棕色或红粉色等，质地明透者为精品。

38 | 水草冻

水草冻是巴林冻石极上品。该品种可归于彩冻类，但清冻类也有，鸡血类有，福黄石类有，彩石和图案石中都有，如果把它单独分为一类也是说得过去的，作为冻石的水草冻，该品种的质地多呈现透明或半透明，也有不透明的。地子的色调也非常多，几乎在巴林冻石中所有的地子都有此种石出现，其色多见有白色、黄色、灰色、青色和粉色等。"草"的颜色以黑色为主，也有红草（为血草）。绿色、黄色、灰色、白色的草（为雪草），行内习惯称红、绿、黄、黑色草为"春、夏、秋、冬"四季。草的长势也不尽相同。在一块石中有一棵或两棵的，有的是多棵；有的疏，有的密；有的是一棵草有四种颜色，也有两或三种色彩的草，一种颜色的为多数。草的枝和叶也不完全一样。有细叶的人们称小叶草，有宽叶的，人们称大叶草，还有针叶草，草枝上一般都是像树枝的长势，从独枝开始，逐渐分枝分杈往上挺拔。也有的不像草，像一棵树。水草冻质地洁净，动感强，剔透，草势又好，能单独成棵的为上上品。红绿黄黑四季草都出现为极上品。草长势较好，石质不太好的为中上品。石质一般，草势一般的为中品。石质不好又有花，或不是冻地子，而草势又模糊不清的为下品。水草冻色泽鲜明，清晰。光泽多数是明透蜡亮，质地温润，细腻，洁净。水草冻是锰、铁和有色的金属氧化物流积于矿体中的层隙间，久而久之，凝结成如此图案。此石质地多数为绵料，少数为绵、脆相间料，但也有脆料。最适宜加工自然形，而草面平滑的也可加工成印章，但太少见了。目前市场上常常能见到高中低档的品种，价格合理。

39 | 蓝天冻（青花冻）

蓝天冻（青花冻）是巴林冻石多色冻中的极上品或绝品。因为巴林石"缺蓝少绿"，石矿开采三十余年，而此品种产量只有几十斤，所以市场上根本见不到。该冻石以青蓝色为主，有灰黑色或棕色的石纹作网络状分布，不时有桃红色和珍珠般的白斑点缀其中，给人以蓝天白天的装饰意象，故名蓝天冻。蓝天冻为绵料，质地细腻脂润，硬度适中，微透明，瓷釉光泽。蓝天冻的色彩很美，具有巴林草原的天然韵味。产量不高，也无大材，最大块是拳头大。其构成是地开石中均匀的分布着绿帘石，形成如此的蓝色。现市场上价格特别昂贵，但又难见到，所以珍稀。

40 | 紫云冻

紫云冻是巴林冻石彩色冻类中的上品。该石以灰白色、青白色或白黄色等为主，石面上有形状不规整的紫色、绛紫、黑紫色的过渡色，形成的山状、岩石状、松涛状或云水状等画面，好似美丽生动的山水画，使人惊叹不已，也有人称之为美石，或紫夕冻、紫鸡血等。该品种属绵料，质地细腻脂润，呈微透明状，蜡脂光泽。也有非透明的，称为紫云石，其色调绛紫色明显，反差度强，色彩协调，不论加工印章，制作雕件，还是磨自然形，都能呈现出它千姿百态的秀色。其构成是地开石中含锰和黑色的长砂，形成紫色的斑纹和各种图案。有大量产出，是巴林冻石中的主要品种，市场经常见到，价格合理。

41 ｜ 云水冻

云水冻是巴林冻石多色冻类的一种。特点是由多种色彩组成细腻的纹理，呈现出天空彩云翻卷飘动，大地江河惊涛拍岸，天然的行云流水的壮观景色，故名云水冻。云水冻微透明，其颜色不固定，有红黄、青灰或灰等多种。但空中的云，地上的水相互衬托，使人一目了然。云水冻形成是地开石中含有原岩条状的构造，形成各种水波纹和彩云图案。为脆料，质地细腻脂润，微透明状，石蜡光泽，适宜加工各种印章和自然形等艺术品。现在仍有产出，市场上也常见。

42 ｜ 紫曦冻

紫曦冻呈微透明至半透明，深紫红色，如同煮过的红小豆汤。细腻纯净，性绵无裂，极为端庄，是较难得的品种。

43 ｜ 晨曦冻

晨曦冻是巴林冻石清色冻类中的珍贵品种。该冻石以赭色为地子色，在色彩柔和的暗地子色中出现微透的日光黄色，好似晨曦，故名晨曦冻。细品之，令人感到紫气东来，祥云普照的意境，蕴含着士气十足、奋发向上、欣欣向荣的韵律。晨曦冻属绵料，质地细腻脂润，微透明，油脂光泽，富有活性和动感。产出数量极少，是比较珍贵的品种。

44 ｜ 怡情冻

怡情冻是在一块冻石上有两种颜色，一面为暖调子的粉红色，一面是冷调子的青色，并含有细微的斑点，粉红色部分犹如日丽中天，带细微斑点的青色部分如迷蒙的雨水。刘禹锡的有句诗道："东边日出西边雨，道是无晴却有晴。"很像石中色斑的写照。黄任写石："怡情到老同燕玉，好色于君似国风。"我们给此石取名"怡情冻"，给恋人们互相表达心意提方便。

45 | 玉带冻

玉带冻因在巴林冻石章上，拦腰有一条更为透明的冻石，似玉带，故名"玉带冻"。

46 | 彩霞冻

彩霞冻又名光冻，是巴林冻石清色冻类中的极品。该冻石以淡红色为主，有阳光色或粉芙蓉色等纹理，色彩鲜艳、绚丽。虽然不如彩霞红鸡血石色彩娇艳，但色泽凝重，是朴素的美，庄重的美。细品之，彩霞冻更具有宝石的魅力，更富有天然的灵性，红色的彩霞似火不是火，比火热烈；似血不是血，比血润艳；似玉不是玉，比玉华美，比玉高贵；故令人爱不释手。彩霞冻属绵料，质地细腻脂润，半透明，油亮光泽，适宜制作各种艺术品。产出的数量有限，现在时有产出。以彩色鲜艳纯正、质地半透明者为上上品，也是珍贵品种。

47 | 虹霓冻

虹霓冻是巴林冻石多色冻类精品。该品种以虹霓色为主，以绛红色、上黄色、青紫色等为副，组成一个多彩多姿的纹理，色彩艳丽，柔和，色调繁而不杂，多色纹理作曲线或条状形分布，让人想到雨后天空中的彩虹。故名虹霓冻。虹霓冻属绵料，质地细腻脂润，不透明，蜡脂光泽或暗淡光泽。现仍有产出，产量不大，市场上能见到。

48 | 卵石冻

卵石冻是巴林冻多色冻类中品。该冻石由灰色，青黑色和土白色等色为地子，也有土黄色，青灰色、灰白色等地子。石上纹理为大小不等的卵石状，一般都为土黄色或土白色，与地子色有较大反差，十分清楚。这种装饰意象犹如清澈的河水缓缓地流淌，露出河底块块卵石，令人心情愉悦。故名"卵石冻"。卵石冻属绵料，质细腻脂润，微透明，油亮光泽适宜加工印章和艺术作品。

49 | 飞瀑冻

飞瀑冻是巴林冻石彩色冻类中佳品。该冻石主色有灰青色、棕灰色，也有土黄色和粉白色等，石面上有白色流动感很强的纹理，给人以瀑布飞泻、浪花滚滚、蔚然壮观的装饰意象。故名飞瀑冻。飞瀑冻属绵料，质地细腻脂润，半透明，油脂光泽，最适宜加工印章或打磨自然形。产量较多，而粉白色的地子如加热超过100℃以上就会褪色，变成棕黑色。

50 ｜ 流沙冻

流沙冻是巴林冻石彩色冻类中的佳品。该冻石有以绛红色为主的，名为"黄沙冻"；也有以赤黄色为主的，名为"金沙冻"；有以藕色为主的，名为"银沙冻"等。流沙冻只有一种色调，以色调的深浅、轻重来显现出沙色。一般都是沙色浅，地色深，或地色浅，沙色深。属绵料，质地细腻脂润，微透明状，油脂光泽，纹理明亮闪烁，有立体感，适宜加工印章和圆雕艺术品。

51 ｜ 雾凇冻

雾凇冻是巴林冻石彩色冻类中的上品。该冻石呈半透明状，石体中呈现出褐黄色或灰黑色为主的色调。勾画出时隐时现的冰枝玉叶，而枝干上散挂着串串白色的露珠，随风摇曳，银花怒放，串串晶莹，犹如秋雾漾漾，白茫一片。给大地和树木披上一层神秘的面纱，朦胧幻影，富有动感。产出数量极少，属于绵料，适宜加工印章。该品种于1921年在一采区1号采坑中采出，数量极少。其主要是由于地开石为主的成分侵入部分高岭石，从而形成了雾凇状。

52 ｜ 檀香冻

檀香冻是巴林冻石彩色冻类中的珍品。该冻石以紫檀色为主，有紫黄色颗粒或斑点作不规则的分布，形成像天然紫檀木状的装饰意象，故名檀香冻。檀香冻色调不杂，紫黄两色互相衬托又互补，有明有暗，有挪有让。檀香冻属脆料，硬度适中，质地细腻脂润，非透明状，油脂光泽，适宜加工印章，也可做雕件。目前市场上能见到。

53 ｜ 胭脂冻

胭脂冻也是巴林冻石清冻类中的极上品。胭脂冻因通体为白粉色，或粉红色而得名。色调柔和，犹如神来之笔所画的少女妆，白里透着淡粉，粉里透着胭红，文静典雅。该品种属绵料，质地细腻脂润，呈微透明状，油脂光泽，适宜加工印章和各种工艺品。市面上价格昂贵。产量不大，与桃花冻和艳粉冻相伴生。

54 ｜ 蜡冻

蜡冻在显微镜下其纹路像植物叶子的筋脉，其滋润程度似有蜡性，这种冻石集中体现了此石的第二特征，白色，似石蜡般半透明，与瓷白冻相比，瓷白冻无油性，这种冻石似有油性，故称"蜡冻"。

55 | 墨冻

墨冻这种冻石颜色墨黑，色调纯正无杂，做大章料色浓，做小章料色淡，是巴林冻石中的上品，命名为"墨冻"。

56 | 墨玉冻

墨玉冻是巴林冻石清冻类中的极上品。该品种通体为墨黑色，色调纯正，无半点杂色，石质如玉，故名墨玉冻。墨玉冻主要是以单一的墨黑色取胜，为绵料，质地细腻脂润，不透明，色泽凝重，光泽如玉，用来做圆雕或加工印章都是精品。此石富有神韵，细品之，给人一种守节固本、刚正不阿的感受。该品种早于近代产出，产出地点为采区的五采坑，但产量少，市场上也很难见到。

57 | 凝墨冻

凝墨冻是巴林冻石黑彩冻类中的极品。该品种通体为浅墨色，时有呈现不规则的水青色石面，好似用墨淡染的水面。有浓有淡。细观之，该品色彩比墨玉冻淡，比牛角冻又浓，犹如浓墨滴入水中，给人一种欲止还流，欲流还止，难分难溶之感，故得此名。凝墨冻属绵料，质地细腻脂润，微透明质，油亮光泽。适宜加工印章或巧色雕刻。数量不多，尤其是墨色浓淡，动感强烈的市面更不多见。

58 | 连环冻

连环冻是巴林冻石彩冻类中的妙品。该石体底色有多种，大凡冻石中出现黑色或白色圆环者，都叫"连环冻"。黑色、白色圆环的直径一般只有1毫米～3毫米，环圈的色彩与底子色很分明，但白色圆环多于黑色圆环。连环冻以　种奇特的装饰意象吸引着人们，留给人们广泛的联想。连环冻属脆料，质地细腻脂润，呈半透明状。以地子中无杂质，或杂质少，而连环清晰的为上品。连环冻石无大材，最大面积也超不过8平方厘米。适宜加工印章和打磨自然形。产量不多，特别是质地干净，环状明显的精品，市场上更少见。

59 | 金箔冻

金箔冻是巴林冻石彩色冻类中又一奇品。该品种以灰色、灰黑色为主色，无规则的分布着一层片状的黄色石质，恰似镶嵌的金箔，故名金箔冻。金箔冻为绵料，质地细腻脂润，呈半透明状，玉石光泽，适加工成印章或自然形。目前该品种市场上常见，价格合理，而成金色薄片状，分布均匀的品种比较珍贵。

60 | 环冻

环冻这种冻石本身有白色或黑色的圆圈，色调分明，故名"环冻"。圆圈因石而异，有大有小，可分为大环冻与小环冻，按颜色分，可分为黑环冻和白环冻，环冻是巴林冻石中的稀品。

61 | 斑冻

斑冻这种冻石自身遍布斑点，有的局部有斑点，其斑有的像豹点，有的像鹿点，故名"斑冻"。其斑点透明者是巴林冻石的中品，斑点不透明者为巴林冻石的下品。

62 | 瓷白冻

瓷白冻这种冻石外观像白瓷一样，洁白，光泽，半透光，故名"瓷白冻"。

63 | 朱砂冻

朱砂冻是巴林冻石清色冻类中极上品种。该冻石以朱红色或大红色为主，色彩凝重纯正，无杂色。因石体内含红紫色的微细构造砂理，其色彩比地子色深，看起来似朱砂均匀地分布在石体中，故名朱砂冻。天生丽质，令人爱不释手。朱砂冻属绵料，微透明，质地细腻脂润，玻璃光泽，十分亮丽，最适宜加工各种艺术品和精雕。石质偏硬，产量极少，无大材，为珍贵品种，其价格高于普通鸡血石。

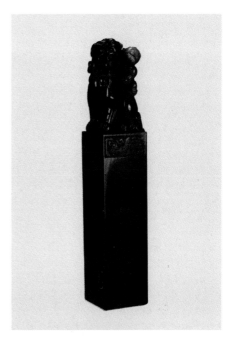

△ 巴林朱砂冻石子母兽方章

边长3.6厘米，高20厘米

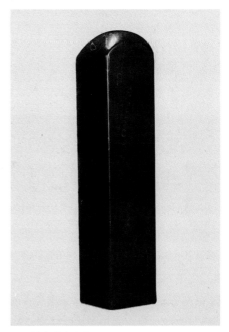

△ 巴林朱砂冻石章

边长3.5厘米，高16.5厘米

64 | 玛瑙冻

玛瑙冻是巴林冻石多色冻类中的珍贵品种。该石因色彩、质地和光泽都似玛瑙一样而得名。多见白、红、黄、黑等色条状在一块石上呈现，条状有宽有窄，有连有断，犹如彩带随风飘动，向人们展示美丽的姿容；又如雨后的彩虹，五彩缤纷，令人赏心悦目，心旷神怡。玛瑙冻石属于绵料，质地细腻脂润，呈半透明状，油脂光泽，闪亮夺目，一般都作为美石欣赏，而不作雕刻之用。产量极少，同芙蓉冻白相伴生，为珍贵品种。

65 | 水晶冻

水晶冻是巴林冻石清冻类中的极上品。此品种极少产出，多夹有杂色，内部时有絮状白斑，且无大的块体，故较纯净者无论方章，随形，即为珍品。主要以水白色的地子为主，有淡黄色、灰白色、清冰色等。透明度好，近似冰块，晶莹明亮，酷似水晶，冰心玉骨，故名水晶冻。一般来说，凡透明度好的巴林冻石都列入此品。水晶冻多为绵料，少有脆料，质地细腻泽润、净透、无杂质，光泽明亮，透感强，非常华美。观之，有清风明月之感，圣洁、纯净，又有清淡如水的情韵。产量较少。无大块材，净透者更少，此材属脆料，保护不好易裂，最适宜加工印章用。

66 | 黑旋风

黑旋风通体乌黑，微透明至半透明，黑色为正黑，如同煤晶者最佳。石质细润，犹如婴儿之肤，令人有触摸欲。如大部分黑色少部分其他颜色，界限分明，则别具情趣，更能体现此石之精妙。所产甚少，为珍贵品种之　。

67 | 灯光冻

灯光冻是巴林冻石清冻类中的极上品。上品石5厘米厚，中品石3厘米厚，较巴林黄更为透明、灵气的一种黄冻石，色有浅黄至棕黄，在冻石中往往杂有不透明的黄石斑纹，如鸡蛋汤中浮游着的鸡蛋黄。因透明度很高，用阳光或灯照之，灿若灯辉而得名。巴林灯光冻是不是依据"青田石灯光冻"而获名，至今无法考证，但巴林灯光冻比"青田石灯光冻"并不差。由于灯光冻一般采自岩石的夹缝中，大材难得，又有人称为"夹板冻"。灯光冻属绵脆相间料，质地细腻脂润，晶莹闪烁，呈微透明，光泽柔和，适宜制作印章或雕件。与荔枝冻石相伴生。透明度高，无杂色，颜色稍深者为上品，极富收藏价值。现市场亦能见到，其价比较合理。

68 ｜ 酱油冻

酱油冻呈半透明，深棕色，纯净无杂色、纹理，质地细润，色泽稳重深沉，很少绺裂，但没有较大的块体产出，多见共生于其他石种之中的冻线，所以无论整体或局部为此特色的冻石均可称酱油冻。

69 ｜ 灵光冻

灵光冻是巴林冻石的珍品，颜色不限只求一方图章整体为单一颜色，莹透，纯净，柔润，无杂无绺无脏色，引用佛学语言称为"灵光冻"，俗称"纯冻"。

70 ｜ 金银冻

金银冻是巴林冻石清色冻类中的上品。该冻石一面为黄色，另一面为白色，黄白相间，界面明显，有的有左右之分，有的有上下之分，还有的有多少之分。黄为金黄，白为银白，故名金银冻。金、银两色纯正，净洁，无杂质。金银冻属绵料，质地细腻脂润滑嫩，呈透明状，富有诗意和灵性，油脂光泽，制作各种艺术品都是上等石材。同福黄石相伴生，其产量不高，以黄白相间，色调柔和，色彩鲜明，质地透润者为上上品。

71 ｜ 夹板冻

夹板冻是石中之冻石，佳者为冻中之冻。即是在一般的巴林石中夹有一条冻石，或者，在一般的冻石中，夹有一条更好的冻石。这夹在冻石中的冻石，极为纯净，无杂、透明，是巴林冻石中的精品，命名为"夹板冻"。

72 ｜ 彩冻

彩冻颜色丰富，无规矩和定局，混混沌沌，分不出哪种颜色为主，其透明好者可入巴林冻石中品，透明差者可入下品，此冻石称为"彩冻"。

73 ｜ 三元冻

三元冻是巴林冻石彩冻类中的珍品。该品种的特点块冻石上有黑、白、黄或黑、白、红三种颜色，三种鲜明色形在同一块石体中互不相混，又交相辉映，方称此品。当一方冻石上有红、黄、青三种色调的，就命名为"三元冻"，以区别于"刘、关、张"。有的颜色不是红、黄、青，而是红、黄、白，此种情况在冻可称为"三清冻"，在石可称为"三清石"。因为救苦天尊坐骑是红毛狮子，汉钟离祖师骑的是黄虎，吕纯阳祖师骑的是白鹤，取其坐骑颜色的红、黄、白。三元冻属绵料，质地细腻脂润，呈半透明状，光泽如玉，适宜打磨自然形或加工印章，也可做雕件。比例均匀，色彩分明者为上品，目前市场不难见到。

74 | 五彩冻

五彩冻是一种花冻石，半透明，各种颜色纠缠在一起，并无定式，色彩变化很大。很少有颜色花纹相同者。与玛瑙冻相比，此品种较少条纹，只是边缘有过渡色的色块混合在一起，形成斑斓的色彩。此品种出于色彩繁乱，雕刻制钮视觉主题不突出，故不宜雕刻而适于观赏实用。

75 | 多彩冻

多彩冻是巴林冻石多彩冻类中又一佳品。特点是以绚丽多姿的色调，勾画出非常动人的画面，有山有水，有云有雨，有日出，也有月明…色调艳丽，图案新奇，故名多彩冻。多彩冻以色彩鲜艳，色调鲜明，颜色搭配协调者为最佳。如红、白、黑色，或黄、粉、灰色，还有彩霞色和黑白色浑然一体等。多彩冻属绵料，质地细腻脂润，微透明，瓷釉光泽，适宜加工印章和打磨自然形。该品种是巴林石矿中主产品种，数量极多，历代都有产出。现各采区仍有产出。目前市场上常见，价格合理。

76 | 十色冻

十色冻比较普通，除颜色外无特点，颜色以一种色为主，其他色为次，透明度较好。共有十种：碣冻、碣红冻、红冻、淡红冻、板黄冻、黄冻、淡黄冻、青黑冻、青冻、淡青冻。

77 | 十色半冻

十色半冻这种石材特点颜色方而如十色冻，质地只能够半冻，因为这类冻石，在一半石章上，有一半左右的冻石，其他为普通石或杂质石，共有十种。

为：半冻、红半冻、淡红半冻、板黄半冻、黄半冻、淡黄半冻、青黑半冻、青半冻、淡青半冻、杂色的为彩半冻。

78 | 一线天冻石

一线天冻石同玉带冻相仿，区别在于冻石章中，立着有一条更为透明的冻石，上下贯通，故名"一线天"。

三
巴林彩石

巴林石中，凡不透明，单色或多色的矿石均归彩石类。彩石多产于矿区中、东部。其明显特征是色彩丰富，纹理千差万别，质地细腻，判若凝脂，不透明。此种石以色彩见长，绚丽多姿，富于情趣，常伴有天然图案隐现其中。尤其切割之后，时时会剖出意想不到的景物，形在似与不似之间，引人想象，抒人情怀。有的图案十分逼真，令人惊叹；有的一团色彩，一派抽象韵味；还有的干脆就是一幅山水画。此类石种也适宜切割对章，拼对出的图案更是千姿百态，且十分对称，人物、动物、昆虫、花卉，栩栩如生。其中一些品种石质优良，富有特色，丝毫不逊于上等冻石。此类石种也分脆料、绵料，各品种间石质优劣悬殊较大。目前发现的主要有百余种，是雕刻工艺品、制作高档印章的优秀石材之一。

巴林彩石数量相当丰富，按其石质和色泽，可以分为纯色彩质、多色彩质两大类。每类彩石都有优劣品、绝妙品、上下品等。纯色彩质是指质地色调纯正、色相单一且清一色的巴林彩石，如瓷白石、牙白石、白云石、黄金石等。这些石种不论什么颜色，不论过渡色深浅，只要主色调是纯正、均匀、统一，就可确定为清彩石。多色彩质是指质地色彩丰富多彩、由多种颜色组成的巴林彩石，如红花石、黄花石、玉线石、豆沙石、蛇纹石、金砾石、杏花石、天星石、木纹石、金银石、黑白石、豹皮石、泼墨石等。多彩石的品种很多，一般石面上有两种以上色调的彩石都属于此类。以目前所发现的品种来看，巴林彩石分为这两大类，就足以囊括全部了。所以这种分类法，更有利于巴林彩石鉴别与赏析，是一种科学的分类方法。

巴林彩石有的品种，如杏花石、瓷白石、朱砂石、白云石等，要好于鸡血、福黄、冻石的一般品种。也有很多绝品，如黑白石、金银石等。有的巴林彩石也非常可人，如多彩石，红花石等。有的巴林彩石的色彩动感强，韵律非常优美，如玉线石，流沙石，流纹石等。还有一些巴林彩石，以纹理奇异，意境深邃，富有特色，如佛香石、针叶石、烟花石等。

1 | 山黄石

山黄石通体黄色，近似寿山连江黄，而色泽逊之，但无裂，基本不透明，石质柔和受刀，以无杂质无条纹者为佳。适于雕刻人物、动物，能够很好地表现肌肉群，其雕刻往往能成为艺术精品。质纯块大的石料较少产出。如雕工古朴，也可为精品，可惜大块难得。

2 | 石榴红

石榴红多为不透明，颜色为黄红色，红中泛黄。不坚不燥，沉稳端庄，质感良好，也是受人们喜爱的雕刻石料。是巴林石中可收藏的名石之一。与红花石黄花石的区别为，此品种基本不带条纹，似红非红，似黄非黄，近似于石榴将近成熟时的颜色。较为少见。通体为此色者为上品。色彩不杂者为佳品。

3 | 红花石

红花石是巴林彩石多彩石类中的佳品。为微透明至半透明冻石，色彩热烈、奔放，犹如姹紫嫣红、争奇斗艳的花丛，故名红花石。花纹颜色较浅，为淡红、深红或锈红色，有云纹、条纹、斑纹，排列较乱，且易褪色，系浸染赤铁矿形成，石质为污白，白绿等杂色地子，细腻光滑，长白山石中也产。切割后色彩图案丰富。石性较脆，硬度也稍高，温润程度也较差，个别石料有绺裂现象。适于实用，花纹美丽者，可作观赏。呈现春暖花开、祥光普照的装饰意象，令人感到明亮、热烈、祥和、赏心悦目。考古发现在青铜时代就有用此石品雕刻的石杯，可知此石品历史悠久。

4 | 黄花石

黄花石是巴林彩石多彩石类中的佳品。该石以黄色为主，略有一些红色、紫色过渡色或其他色斑点等。犹如塞北晚秋的大草原，处处金黄再现，片片霜红缀彩，故名。不透明，浅黄色间有深黄色纹理，光泽如玉，质地温润细腻，色泽凝重，纹理呈现出硕果累累、一番秋色的装饰意象。细品之，又似秋风扫落叶的装饰意象。石性有绵有脆，硬度稍高，石质白至奶白色，轻浮艳丽，质软细腻，偶见微透明层纹或乳白色微透明纹贯穿其间，材小易变色，比较难得。适于观赏实用，特别适宜切割对章。数量较多，年年都有产出，也有大材，适宜作大型雕刻之材，也是制作印章的上等材料。现市场上出售品种较多，价格合理。

5 | 黑花石

黑花石不透明，在白棕黄等颜色的地子上，分布纯黑色的条纹，蜿曲石间，十分美丽。石质温润，硬度适中，极少出现绺裂，适于雕刻之用。只是所产不多，较为难得。多作为美石观赏，随形效果优于方章。

6 | 紫云石

紫云石是巴林彩石多彩石类中的妙品。该石以白色、灰色、红紫色为主，基本不透明，白色地子上饰满紫色花纹，又混合着黑紫色的斑块和线纹，常有水墨图案出现，尤其切面上，景物壮观，韵味丰厚，其中构成多奇幻的装饰意象，或似彩云飘飘的天空，或似峻岭叠峰的山谷，或似茂密的山林，或似紫气环绕的草原，一幅幅艳丽多姿迷人的装饰意象，令人遐想，体味到诗中有画、画里藏诗的意境，是不可多得的大自然的艺术品。紫云石属于绵脆相间料，质地细腻温润，玉石光泽，色调鲜艳分明，硬度略偏低，不易产生绺裂现象。有远近色、深浅色，适合制作印章、观赏美石、山子镇纸自然形摆件等。

7 | 银金花

银金花不透明，牙白色，通体或局部布满黄色斑点，斑点大而匀者为佳，石性温和，极少绺裂，不易风化，但硬度较低，不宜雕刻镂空的雕件，而适宜制作浮雕。

8 | 朱砂石

朱砂石是巴林彩石清彩石类的上上品。该石通体为紫红色相，紫深红浅，色调纯正统一，纯洁无杂，犹如大量的固体朱砂，故名朱砂石。不透明，颜色为枣红色，外观与红花石近似，表面可见石内隐现极细微的闪光点。此石红色十分沉稳，石质润泽，坚而不燥，是产量较少的优秀品种之一。朱砂石属绵料，不透

△ 巴林朱砂石狮钮章

长4厘米，宽3.8厘米，高13厘米

明，质地温润细腻，色调凝重，纹理有红紫相依、瑞气冉冉的装饰意象，是一个很有灵气的精妙品种。该石打磨后光泽如玉，硬度适中，易于下刀，是制作印章或摆件上等材料，如取一方尺寸满意的印章那可太珍贵了。数量不多，大材少见。目前市场上价格很贵，如色正者同巴林鸡血石价格等同。

9 | 象牙白

象牙白又名牙白石，是巴林彩石清彩石类中的上品。通体色为黄白色，比乳白还淡，比瓷白还浅，属于钛白色，色调纯正，好似象牙，故名牙白石。该石属于绵料，与瓷白石质地略同，吸水性强，怕油浸或蜡污染，质地不如瓷白石，略显干。不透明，其较瓷白石软，适宜雕刻美女或观音菩萨像等，也是加工印章的最佳选材。细品之，有银装素裹的天然风骨，也有冰心白玉之魂魄，还有一张白纸的韵律，有待艺人去描绘。此石种较多见，但纯正者不多。该品种于辽代时就有产出。有产出，且产量较大，市面上常见。

10 | 金沙地

金沙地在白、淡黄色微明肌理间，隐约可见似"金砂"星闪烁，分布均匀，其状如直观金、银粉。质地软硬不一，多为偏软石品，产于鸡血石脉附近，较罕见。

11 | 豹子头

豹子头又豹皮石，是巴林彩石多彩石类中的奇品。该石有土黄、灰白等多种主色，石面上均匀地分布着密密麻麻的白色圆点，有大有小，有密有疏，有深有浅，酷似豹子的斑纹，故名豹子石，也称豹皮石。基本不透明，全石或部分为黄色斑点或黄色斑纹，形状如豹斑虎纹，色调凝重，纹理偏粗，有啸傲山林、独占一方的霸气，又蕴含弱肉强食的兽性，非常美

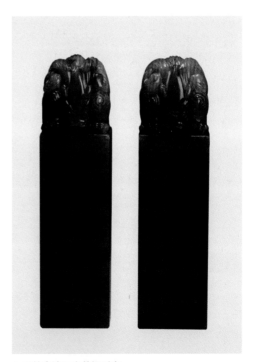

△ **巴林金沙石古兽钮对章**

边长3.3厘米，高12.8厘米

丽。石质尚佳，偶有轻微砂质。此石雕刻虎豹类动物，效果惟妙惟肖，属珍贵品种。细品味，令人要有面对现实，莫失良机敢于拼搏，勇于挑战，获取成功的气魄，此石还具有灵性和动感。豹子石属脆料，质地温润细腻，不透明，硬度适中，光泽如蜡般柔亮，最适宜雕刻豹子，制作印章也是佳材。产量一般，时有大材，市场上常见。

12 | 鬼脸青

鬼脸青不透明，黑色中杂有黄灰色。石顽，不易开裂，含有砂钉，并多有金黄色金属点闪现（黄铁矿），切割过程中会产生一种臭鸡蛋味，此是硫化氢遇热所致。此石品虽低劣，但巧用其色彩，仍不失为佳作。

13 | 水草花

水草花是古植物化石，生有天然水草及松枝，若再有鸡血红色掺杂其间，更显其妙，此地子不杂色者为佳。不透明至半透明，石体呈浅色调，深色及红色极少。石体上面分布黑色或深灰色松枝样花纹。经加工磨光后，一串串水草，一枝枝松枝，清晰生动，跃然石上。水草花的黑色花纹，有的是古生植物蕨类化石，有的是成矿时锰元素沿裂隙渗染形成的。如水草花画面上再有点点滴滴的鸡血红，就更妙不可言，是收藏者必藏之物。

14 | 巧色石

巧色石又名俏色石，各类品种中都有产出，只要是两种颜色严格分割料石的主色调，即为巧色石。两种颜色又分两种情况，一为两种颜色接触面十分整齐，反差强烈，此多是不透明品种；一为两色接触面不分明，其间有过渡渐变色带相隔，此多是较透明品种。这种巧色石主要用于借色巧雕，其作品意趣盎然。若遇良工巧雕，堪称精品。以色彩中无杂色杂质为佳。

15 | 象形石

象形石也叫巴林美石。一种带有象形图案的彩石，常见有蓝、灰、绿、棕黄五种色为地的印石表面，分布呈立体的三维空间形式的图案纹饰。不透明半透明品种都有。其色彩或素雅或绚丽，均能构成生动美丽的画面，有的如水墨国画，有的如彩色油画，或风景或山水或人物或动物植物花鸟虫鱼，妙趣横生，还有的是抽象派艺术。此品种观赏价值很大，宜于制作随形，块大形好景美者为佳。以有图画景致者为佳，花纹者次之。

16 | 白矸石

　　白矸石多为白色黄色，是叶腊石矿脉的围岩。由于分布于叶腊石脉之外，上面有时附着一些叶腊石甚至鸡血石，只要巧加利用，施展雕虫小技，一块废弃的白矸石便可变废为宝。制作镇纸，摆件，效果甚佳。

17 | 彩锦花

　　彩锦花花纹绚丽，多姿多彩，流霞纹。

18 | 蕉叶白

　　蕉叶白是黑石中偶见各色的脂纹、蜡纹、羽纹及云纹等图案。

19 | 艾叶冻

　　艾叶冻是色泽灰绿，似蒿叶子之色，故名。曾经过大量开采。肌理间分布有各式水纹或浅灰色条纹，柔软适中，为优质彩石。

20 | 金砾石

　　金砾石是巴林彩石多彩石类中的奇品。该石以白黄色、灰白色或浅黄色等为主，石面上有一个个金色浑圆状的角砾，大小不一，深浅不一，犹如一颗颗金珠随意洒落在石面上，光芒四射，耀眼夺目，故名。金砾石属绵料，不透明质，金砾光泽如玉，石体光泽为土状，质地温润细腻，色调对比强烈，纹理呈金珠镶嵌玉石中或金砾装满金山的装饰意象。此石最适宜加工自然形，有大块切印章也是上好材料。市面上价格合理，不难得到。

21 | 银砾石

　　银砾石是巴林彩石多彩石类中的华品。该石常以黄白色、灰黑色或青灰色等为主，其中又均匀地分布着大小不一、方圆不定、疏密不等的银白色的角砾颗粒，故名银砾石。色调凝重华美，纹理有大地回春、山花烂漫的装饰意象，令人感慨万千。银砾石同金砾石有相近之处，属绵料，质地细腻温润，不透明，硬度适中，易雕琢，土状光泽，亮度一般。产量不高，无大材。质地纯洁，角砾清晰者为精品，市场常见，价格合理。

22 | 天星石

天星石是巴林彩石多彩石类中的奇品。该石以灰黑色为主，也有土黄色、灰色等，石面上布满了白色或金黄色小圆点，圆点之间互不关联。疏疏密密，潇潇洒洒，恰似灰暗的夜空挂满耀眼的繁星，故名天星石，也称满天星石。天星石属绵料，不透明，质地温润细腻，色调洁净，纹理较奇特，呈现出满天星斗的装饰意象，富有夜静星闪的宁静感。硬度适中，易下刀，玉石光泽，适宜加工印章或打磨自然形。数量极少，为名贵品种。以点圆粒大者为佳。

23 | 杏花石

杏花石是巴林彩石多彩石类中的极品。该石以淡粉色为主，有粉白色的椭圆形花点。犹如春天到来，满山遍野开放的杏花，故名杏花石。杏花石属于绵料，易保存，热处理过渡，粉颜色易褪。质地温润细腻，不透明，纹理呈现杏花盛开、群花遍野的装饰意象，让人感受到春天到来，精神振奋。该石打磨后光泽平淡柔亮，呈丝绢光，硬度适中，最适宜作印章之材，如按石质形状限制，打磨自然形摆放也更有天然的意趣，亦为上等佳品。

24 | 瓷白石

瓷白石是巴林彩石清彩石类中的最佳品种。该石通体为白色，色调纯正，无杂色，犹似皓月照白雪，又似白菊衬白云，还似白土烧白瓷，故名。瓷白石属绵料，微透明，质地温润细腻，怕油浸、蜡涂或手污。有白净如纸之韵，纯净如冰之态，风清如玉之魂。细品味，令人联想到清风、淡雅、廉洁自律、冰心一片。该石光泽如玉，偏硬，但易打磨雕刻，适宜雕刻人物及加工印章等，也是用于微刻的最佳石材。该石产量较大，市场常见，价格合理，以大材为贵。

25 | 咖啡石

咖啡石是巴林彩石清彩类石中的佳品。该石以深棕色为主，略有一些浅红过渡色，石面颜色就像刚煮好的一杯咖啡，故名咖啡石。咖啡石属于绵料，易长久保存。不透明，硬度适中，光泽如蜡。质地温润细腻，纹理若雨丝。细品味，该品种还真似品尝咖啡那样来总结人生，品评人生，几多悲欢，几多酸甜，几多安危，几多成败……产量极少，属于名贵品种。

26 | 木纹石

　　木纹石是巴林彩石多彩石类中奇品。该石以黄色为主，也有以棕色或红木色、紫檀木色为主色的，石面上有白色、棕色或木质色的条状纹或多环状纹，一条条，一圈圈，犹如埋藏地下几千年的树木化石，纹理清晰可见，故名为木纹石。木纹石属绵料，不透明，硬度适中，光泽如玉，质地细腻温润，纹理像木纹，具有沧桑古木的装饰意象。令人感到时光飞逝、人生短暂，需要百倍努力，才能实现理想。适宜加工印章或连体章等。

27 | 青白石

　　青白石是巴林彩石多彩石类中的奇品。该品种是以黑白两色同存于一个石体之中，黑色纯正无杂色，白色净洁明亮且耀眼，两色交会处无过渡色，对比鲜明，故名青白石。青白石纹理具有天然的韵律，呈现出黑白分明又浑然一体、相依并生的装饰意象，令人想起对立统一的哲理。青白石属于绵脆相间料，质地温润细腻，光泽如瓷，硬度适中，易于奏刀，适宜加工印章或打磨自然形。市面上常见，其价格合理，而黑白色特别纯正鲜明的品种不太多。

28 | 多彩石

　　多彩石是巴林彩石多彩石类中的奇美品种。凌石色彩丰富绚丽，多彩多姿，基色有红色、橙黄色、灰黑色、粉白色、黄绿色等，多则10余种，真可谓五光十色，故名多彩石。色调亮丽又富有活力和动感，纹理呈现出一团团彩云随风飘动，或一簇簇鲜花争芳斗艳，或一片片彩霞祥光普照等装饰意象，令人赏心悦目。多彩石属于绵脆相间料，质地温润细腻，光泽如蜡，有的如瓷，小透明，硬度适中，易保存，易加工，是制作印章、雕件或打磨自然形的上等好料。该品种在古代已有发现，现各采区仍有产出。产量较多，有大材产出，色彩繁杂。

29 | 金银石

　　金银石是巴林彩石多彩石类中的佳品。该品种仅有白、黄两种色调，而两种色调均纯正无杂，黄白分明，也无过渡色，犹如一块黄金一块白银绞在一起，故名金银石。色调凝重，纹理奇异，呈现出满目金、银的装饰意象。金银相伴，是富贵的吉兆之相，让人想到富足生活的美好。金银石属于绵料，质地温润细腻，不透明质，硬度偏软，土状光泽。产量极少，为罕见品种。

30 | 珐琅石

珐琅石是巴林彩石多彩石类中的珍品，该石为深蓝色，与珐琅(又叫景泰蓝，因明景泰年间发明一种蓝色釉料，非常亮丽，故把这种掐丝珐琅和这种蓝色釉料都叫作景泰蓝)工艺品上所用的蓝色相同，故名珐琅石。色彩凝重华贵。细品味此石典雅、高贵的蓝色，令人遐想万千。珐琅石属于绵料，质地温润细腻，不透明，硬度适中，光泽如玉，大块石材少，适宜加工自然形和雕件。产出数量极少，市面上只发现几块，为珍稀品种，价格比较珍贵，是收藏者的抢手货。

31 | 泼墨石

泼墨石是巴林彩石多彩石类中的奇品。该石以灰白色、浅棕色或土白色等多种浅色为主，透染着不规则的块块黑斑，斑状大小不一，点斑不同，泼洒不拘，浓淡有致，犹如神来之笔，随意涂抹而就的水墨丹青山水画，故名泼墨石。色调凝重，纹理华美，具有泼墨画般的装饰意象，意境神逸，令人深思遐想。泼墨石属绵料，质地温润细腻，不透明质，土状光泽，硬度适中，易于奏刀，适宜加工印章或自然形。产出数量不多，但偶有大材。市场上常见，价格合理，基色调纯正不杂乱，墨色浓淡鲜明的为精品。

32 | 雪花石

雪花石是巴林彩石多彩石类中的上品。该石以土黄色、灰黑色或灰白色等为主，石面上均匀的散落着微小的白色斑点，密密麻麻，星星点点，歪歪斜斜，酷似横空飞舞，漫天飘洒的雪花，故名雪花石。色调凝重，纹理华美，有雪花纷飞、潇洒飘逸的装饰意象。观赏此石，就像踏进塞北的雪天，脚下白毡铺地，头上琼花飘飞，使人舒心适意。雪花石属于绵脆相间料，质地温润细腻，不透明质，光泽如玉，亮度高，适宜加工印章和打磨自然形等艺术品。该品在辽代以前就有产出，现仍有产出，产量较多，以雪点均匀，有飘飞动感者为精品。

33 | 蟹青石

蟹青石是巴林彩石清彩石类中产量多的品种。该品种通体为青白色或灰青色，酷似水中的河蟹，故名蟹青石，也称蟹壳石。色调凝重质朴，表面光滑，散发着一种平淡无奇、雅俗共赏的天然韵律。观赏此石，会有一种清风洗面，淡水浴身的轻松感。蟹青石属于脆料，质地温润细腻，不透明质，硬度适中偏硬，光泽如玉，有亮度，发柔亮光状，适用于加工印章或大型玺印。产量高，有大材，市场售价便宜合理。

34 | 黄金石

黄金石是巴林彩石清彩石类中的精品。该石通体为金黄色，色正，无杂色，酷似黄金，故名黄金石。色调凝重，纹理华美。石体中均匀地分布着微细条状纹理，犹如千锤百炼而烧制的金砖或金条，富有天然华贵的韵律和冶炼铸金的空灵感。细品味，能给人们留下美好、完整的回忆，呈现给人们一个荣华富贵的意象。黄金石属绵料，质地细腻温润，不透明，硬度适中，易雕琢，适宜加工印章。产量不多，质地好，以色纯正，纹理细腻者为精品，市场少见。

35 | 葱绿石

葱绿石是巴林彩石多彩石类中珍品，该石为黄绿色，略透染着青白色，犹如春日里生长的洋葱。故名葱绿石。色调凝重，色彩纹理具有春天生机盎然、田野绿油油的装饰意象。葱绿石属于绵脆相间料，质地温润细腻，不透明，硬度适中，易于雕刻，光泽如蜡，适合雕刻和打磨自然形，是收藏家争抢采购的奇缺品种，市场上非常少见。产量极少，偶尔产出一两块，故十分珍贵。

36 | 玉线石

玉线石是巴林彩石多彩石类中的奇品。该石质地的色调是多种的，有黑色、浅黄色、灰色、青色、红色……但石面上有纵横错落的白色纹线，故名玉线石，也有人称之玉线冻。玉线的装饰美感，在于飘逸潇洒的韵律感，这是此彩石与众不同之处。但石面上的玉纹线，有多有少，有粗有细，有曲有直，无一定规则。色彩凝重，色彩分明。玉线石属绵脆相间料，质地细腻温润，不透明，有玉石光泽，宜制成印章和自然形件。产量不多，以石体透，石线清晰者为上品。

37 | 米花石

米花石是巴林彩石多彩石类中的普通品种。该石一般为灰紫色、沙黄色、土黄色等，上面布满了白色或乳白色的玉米花，故名米花石。米花石的颗粒看上去好似刚出锅的米花，拌着炒熟的黄沙细面，向人们散溢出那种清香。米花石色彩不杂，立体感强，富有活力。花粒石质在感观上略粗，好似细砂，其实石质还很细腻。米花石属绵料，易保存，耐高温，不破裂，质地细腻温润，不透明，蜡脂光泽，宜加工成印章或自然形摆件。

38 | 青花石

青花石又名珐琅彩，青花石是巴林彩石多彩石类中的珍品，该石以青蓝为主，颜色纯正，但有深浅变化，犹如清代分水画法的官窑青花瓷，釉色轻重深浅相宜，富有天然的神韵和精美，故名青花石。青花石属于绵料，不透明，硬度适中，光泽如玉，质地温润细腻，色彩凝重华美，打磨后光泽较暗淡，无火块石材，适宜加工自然形和雕刻小件饰品。

39 | 米穗石

米穗石是巴林彩石多彩石类中的独品。有的以冻石质地出现，名为米穗冻，但非常少见。该石为浅白色，或浅黄色，还有青灰色等。石面的纹理十分奇特，呈现出一棵棵、一簇簇黄色的米穗或米粒的装饰意象，令人感受到黄灿灿的稻谷遍野、丰收在望的喜悦。米穗石为绵料，质地细腻温润，硬度适中，有玉石光泽，色彩不杂混，穗粒清晰，适宜打磨自然形，也可以制作印章等，属于美石类。

40 | 花斑石

花斑石是巴林彩石多彩石类中的中品。该石以浅黄色、淡红色、驼毛色为主，石面上呈现出大小不一，方圆不整，长宽不等的各色斑点，这些斑点一般为白色、黄色，也有绛紫色，犹如卵石铺成的山间曲径，又好似秋后花园中的残花败叶，故名花斑石。花斑石质地细腻泽润，纹理色形分明协调，立体感强，富有动感，有玉石光泽，适宜加工印章和做俏色雕刻。产量较多。

41 | 藕荷石

藕荷石是巴林彩石多彩石类中的独品。该石的特点是有肉红色和粉白色两种色彩，而肉红色犹如绽放的荷花，开满池塘；白色如藕荷花朵，摇曳自然，故名藕荷石。藕荷石属绵料，质地细腻泽润，纹理富有动感，颜色协调。玉石光泽，不透明，适宜作俏色雕件和加工自然形摆放。数量较少，以颜色纯正，色彩鲜明，花朵均匀者为精品。

42 | 流沙石

流沙石是巴林彩石清色石类中的佳品。该石的主色也同流沙冻相近，有红、黄、灰或紫红、灰白、土黄等多种色彩，其中又有白色或浅色的细点状纹理。此石最大特点是纹理似流沙，富有活性。细品之，犹如塞北的沙丘，随风流动，其款的印迹，令人深思；或如海边沙滩上的沙粒，被卷进海涛中，顺流翻滚涌动，在咆哮在歌唱……流沙石色调多而不杂，纹理深浅有度。流沙石质地温润细腻，有玉石光泽，华丽。适宜加工印章或做自然形。伴着"流沙冻"相生，其产量不多，但市场上容易见到。

43 | 流纹石

流纹石是巴林彩石多色石类中的妙品。该石以土黄色、灰黑色、褐色和混合杂色等为主，石面上又分布浅色年轮纹或线条，有白色、棕色或黄色、黑色等，色彩鲜明，醒目。条纹有环绕状，有线条状，还有的为网格状。令人感到光阴似水东流，可激励人们珍惜时光，为自己可爱的事业不遗余力。流纹石属绵料，质地温润细腻，色彩凝重，纹理富有蕴意，多为玉石光泽，也有蜡脂光的，打磨后锃亮，适宜加工印章和自然形等艺术品。

44 | 铁砂石

铁砂石是巴林彩石多彩石类中的美品。该石一般以灰色为主色调，也有灰黑色和多混合色的，但石面上分布着黑色的细小颗粒，密密麻麻，如铁砂，一目了然。故名铁砂石。色调凝重，石体一般由两种以上的色彩组成，颜色混合协调，深浅柔和，有的成块状，有的为条状，还有的如波涛状等。细品之，铁砂石显示出坚强勇敢的个性，犹如塞北草原上的牧民。铁砂石质地细腻泽润，有玉石光泽。虽铁砂石因含锰而略为硬些，但不碍奏刀，适宜于加工印章或俏色作品。产量不多，市场上能够见到，而带有清晰的黑色的砂粒品种较少。如得之，也为珍品。

45 | 豆沙石

豆沙石是巴林彩石多彩石类的奇品。该石以红紫色为主，又呈现出黄色、白色和灰色的条状或条块状，无规则地散混在石体中，同时还出现色重的红紫色，细微砂粒，犹如蒸豆包时搅拌的豆沙馅，故名豆沙石。豆沙石色调繁杂，一石中出现五六种色彩，但不乱，受看，深浅适度，轻重协调，富有形象感和生动性。豆沙石属绵料，质地细腻润泽，色调干净明快，光泽稍暗淡，适宜加工印章和做巧色雕件。该品种同巴林红花石相伴生，现仍有产出，但数量较少，如色彩混杂如豆沙的更稀少。属于奇缺品种。

46 | 乳花石

乳花石是巴林彩石多彩石类中的普品。该石以青黑色或熟赭色为主，石面上分布着一块块或一片片浑圆状的白色斑，其色斑大小不一，长短不齐，上下交错，左右相连，块块相依，若滴滴鲜乳，凝结于彩石之中，故名乳花石。乳花石纹理呈现出凝重鲜明、富有动感和活力的装饰意象，令人想到巴林草原牧民用美酒奶食和把肉招待客人的习俗，令人想到一群群的乳花奶牛，向人们奉献着香甜的乳汁，令人想起"乳香飘"这首美丽动人的草原歌曲。乳花石属绵料，质地细腻泽润，不透明，光泽为暗淡光，适宜作印章和巧雕材料。

47 | 八宝石

八宝石是巴林彩石多彩石类中的奇品。该石以土黄色为主，石面上还有白、黑、青、灰等色的纹理或颗粒，色彩繁多却不杂乱。细品之，此石以深浅不同色调呈现出似水果、杂豆、稻谷、草药等装饰意象，千姿百态，令人想到丰收时粮仓斗满囤溢的景象；又让人想到丰收在望的田野，处处散发着五谷杂粮和瓜果梨桃的芳香，故名八宝石。八宝石属绵料，质地细腻润泽，有蜡光泽，纹理清晰可鉴，图案富有活性和韵律，是最适宜加工自然形的材料。该品种现仍有产出，以质地色鲜不杂，图案清晰的为上品。

48 | 佛香石

佛香石是巴林彩石多彩石类中的特品。该石以褐黄色为主，石面上有褐白色的斑块和赭蓝色的纹理，色彩富有动感和灵气，色彩柔和协调，立体感强，具有佛香炷炷，香烟缥缈的装饰意象。细品味，此石犹如一捆捆点燃的贡香，令人有一种静穆坦然、适意悠然的淡泊和清闲，似在告诉人们要用颐养天年的平和心态，去面对沧桑岁月，故名佛香石。佛香石属绵料，质地细腻温润，不透明，呈暗淡的玉石光泽，打磨后光滑柔亮，最适宜做印章材料，加工艺术雕件也是上品。该品种现仍有产出，产量小多，以色彩鲜艳，柔和的香烟纹理清晰飘逸才为精品，有较高的收藏价值。

49 | 方晶石

方晶石是巴林彩石多彩石类中一个稀奇品种。该石是以白黄色，白灰色，浅褐等浅色的地子为主，石面上有深颜色的长方体、方体和梯形的晶块，作三三两两无规律分布，犹如随意撒落桌上的糖块，故名方晶石。色彩晶莹，极富动感和活性，色调鲜明，反差较大，立体感强。方晶石属脆料，质地温润细腻，不透明，呈暗淡光泽，适宜做自然形和印章材料。产出的数量不多。此品种具有收藏价值。

50 ｜ 蛇斑石

蛇斑石是巴林彩石类多彩石的一个特殊品种。该石的主色有深有浅，有黄有红，有黑有白等，石面上有酷似蛇皮的斑斑点点，活灵活现，故名蛇斑石。蛇斑石不同于蛇纹冻，质地不透明，色彩繁杂，有白色点状斑纹，和底色交相错落，形成似蛇皮的装饰意象。细品味，令人忆起童年在草原玩耍或游牧见到各种蛇的传闻趣事。蛇斑石属脆料，质地温润细腻，不透明，暗淡光泽，但闪亮，适宜做印章材料。

51 ｜ 针叶石

针叶石是巴林彩石清彩石类中的名品。针叶石以乳黄色为主，也有白色和牙白色等，石面上有青黑色或褐色的微细条状斑纹，形若枯草、草芽，故名针叶石。色彩凝重，色泽鲜明，反差较大。纹理有的密密麻麻，有的散散疏疏，有的斜逸舒展，有的纵横交叉，富有活性的动感，蕴含生机。细品之，酷似大漠秋风漫过原始森林，卷来针树叶，散在沙滩上，令人感慨万千。针叶石属绵料，质地温润细腻，透明度低，有玉石光泽，适宜做印章和自然形材料。该品种如今仍有产出，产量较好。目前市场价格合理，很容易购买到。

52 ｜ 焰花石

焰(烟)花石是巴林彩石清彩石类中的美丽品种。该石以深色为多见，有橘红色、青黑色、月白色等，石面上纹理如密集的火星，横空出世，故名焰(烟)花石。点状的纹理富有动感，而且因与深色地子形成对比，呈现出烟花盛放的装饰意象，让人想起"火树银花不夜天"的诗句。该石属于绵料，质地温润腻细，不透明，蜡脂光泽，适宜做印章和自然形。该品种产出数量不多，也有黄白色火星的都归此品种。

53 ｜ 白云石

白云石是巴林彩石清彩石类中的佳品。该石通体为青白色，青色是微青，以白色为主，石面净洁，无杂色，犹如蓝天上的白云，故名白云石。色彩干净泽润，富有灵气，色调纯正。细品之，此石具有清白为事、廉洁从政、两袖清风的君子风范。白云石属于绵料，质地细腻泽润，不透明，玉石光泽，硬度适中，适宜做印章材料，如雕刻人物也是上等的好材。该品种初建矿时就有产出，现各采区仍都有产出。适宜雕刻人物或作印材，属于绵料，质地纯正无杂为上品。

54 | 波纹石

波纹石是巴林彩石多彩石类中的佳品。该石一般以乳白色、乳黄色、浅灰色等为主；偶有深色，如黑色、咖啡色等。石面纹理类似水纹、波浪纹或水波，富有动感，故名波纹石。色调古朴、柔和，纹理清楚鲜明，具有清波荡漾、泉水潺潺的装饰意象。细品之，使人具有清心宁静、淡泊悠闲、欢快得意之感。波纹石为绵料，质地细腻泽润，不透明，玉石光泽，适宜做印章。以颜色协调，水波纹鲜明且有动感的为上品。

55 | 青云石

青云石是巴林彩石多彩石类中的主要品种。该石以淡黄、乳白、浅灰等为主，石面上呈现出青灰色，如天空中的云彩，故名青云石。青云石的特点是色彩有浓淡变化，色块的形状也有变化，由此呈现出天空云海、气象万千的装饰意象。青云石为绵料，质地细腻泽润，不透明，色彩凝重，有暗淡光泽，适宜做大型艺术雕件或自然形，也适合制成巨玺等。该品种在建矿时就有产出，属于巴林彩石的主要品种，有大材。其颜色深浅分明，动感强，大材者为佳品。

56 | 墨烟石

墨烟石是巴林彩石清彩石类中的一个上品。该石通体以墨烟色为主色调，色相纯正，无杂，酷似用松烟加工的香墨，故名墨烟石。颜色凝重质朴，蕴含一种淡雅平奇、雅俗共赏的韵律和情感。观赏此石，会增添你追求书画艺术的信心，会激励你研墨挥笔绘丹青。墨烟石属于绵料，质地温润细腻，不透明，硬度适中，光泽如玉，适宜加工印章和打磨自然形。该品种产出数量不多，无大材，市场上常见，但颜色纯正无杂的少，价格合理。

57 | 螺纹石

螺纹石是巴林彩石清彩石类中的上上品。该石以单一色为主色调，有浅粉色、清白色、水黄色等，色调凝重，颜色华美。不论哪一种色调，石面上均有清晰可鉴的细丝纹理，细丝纹理分布均匀而又有规律，呈现出酷似海螺或田螺的装饰意象，故名"螺纹石"。也有人称"萝卜纹石"，但"螺纹石"应该更确切些。观赏此石，深感大自然的造化是多么神奇。螺纹石属绵料，质地温润细腻，不透明，硬度适中，光泽如玉，适宜加工印章。产量不多，无大材，以纹理清晰、色彩纯正的为精品。

四
巴林福黄石

△ 巴林福黄石童子钮章
边长2.4厘米，高10.6厘米

1983年冬，巴林石矿采石班长刘福在基坑底发现了一窝黄橙冻石，刘福因采此石在冰水中作业时间过长而造成全身瘫痪，此后在开采中再未遇到此石，因此该印石弥足珍贵。该石具有萝卜丝纹，石料呈橘黄及金黄色，所以后人将其命名刘福黄（福黄）。在色、质、纹、冻与性能诸特征上，可与田黄媲美。

按其颜色、纹理等分为若干品种。主要有：鸡油黄、蜜蜡黄、水淡黄、流沙黄、黄中黄、虎皮黄、落叶黄、金橘黄、豆沙黄等。

1 | 鸡油黄

鸡油黄是巴林福黄石的珍品。有人也说是绝品，其产量不足百斤。从图上看，通体油光淡雅、温润、色彩正、韵调一致，呈现出想透又不透明的质地并十分富有灵性，仔细品味此石似觉活灵活现，所以行家们说价值千顷草原，万匹骏马。该品种十分珍贵，藏家难求，其价格无法参考，其质性有绵有脆，也有绵脆相间的。

2 | 蜜蜡黄

蜜蜡黄是巴林福黄石的贵品。其通体如蜡，光泽纯正，质地温润、色彩黄红，细品之颇觉香甜如蜜，能引来群蜂密集似的。该品种最早是从辽代出土的文物中发现的，规模开采是1980年，产出地点是巴林石矿一采区一号坑，其他采区也时有发现。其产量不高。其质性多为绵性，少有脆性，不需打蜡上油，自然出光，一枚3厘米×3厘米×12厘米的钮章，目前市场参考价6万元。

3 | 水淡黄

水淡黄是巴林福黄石上品。该石色泽黄而不艳、不浓，淡而不浑、不浊，光泽亮而不火，柔而不暗。质地，通体如一块冻冰，一玻璃缸清水，似透非透，似流非流，仔细品赏，给人一种清润、细腻，灵气之感。该品种现今偶有采出，石体最大者不超出4斤～5斤。该品种属于绵质，目前市场参考价1千克原石2500元～4000元，加工出成品其价格要高出几倍。

4 | 黄中黄

黄中黄是巴林福黄石的美品。该石色彩最大的特征是黄中有黄，浓淡交融一体，有轻有重，有浓有淡，轻淡而不杂，浓重而不乱，深浅皆宜，层次分明，互为衬托。其光泽华丽而不艳丽，韵调柔而不刚。该石的质性为油润、细腻，多数呈半透明状，纹理丰富，易出各种图案，富有美感。该品种原石目前市场参考价格每千克300至400元，特好石料还要高于此价格的几倍。

5 | 金末黄

金末黄是巴林福黄石的奇品。该石主色调金黄，橘黄为辅助色，最明显的特征是通体布满碎碎杂杂的金末或说锯末。细看光泽，可借宝石的固有光泽发出镜光，且闪耀生辉。该品种已开采三十多年，到如今发现不到5块，太珍贵了。由于非常缺少，其价格无法估量。

6 | 桃粉黄

桃粉黄是巴林福黄石罕见品。此品种明明是福黄色的地子，却涌出一团团

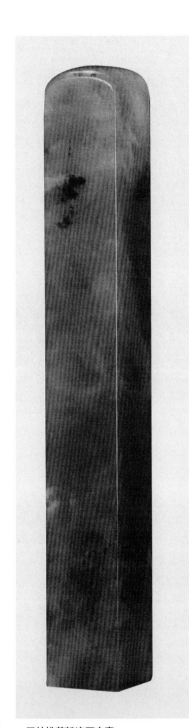

△ **巴林桃花粉冻石方章**

边长1.4厘米，高10.3厘米

粉红色的桃花，给人一种塞北园圃秋后又绽放桃花之感。此品种光泽华美艳丽，质性温润细腻，富有诗情画意。该石有少量产出，但精品不多，为福黄石的罕见品，比较珍贵。

7 | 流沙黄

流沙黄是巴林福黄石一个主要品种。此品种色彩从浅到深，又从深到浅，形成密密麻麻的黄点。此黄点簇拥着，翻滚着，潇潇洒洒的面向一个方向流去，似风暴过后的沙丘或沙岭，虽然风停了，可沙粒还在流动。此品种光泽滑润，颗粒并不粗硬，属绵料，非常适应雕刻和加工图章。该品种粒均匀，颜色纯正，动感强烈的原料不太多。如够标准体积，不论自然形或印章，质地好的都价格不菲。

8 | 虎皮黄

虎皮黄是巴林福黄石的少见品种。此品种也是通过黄色深浅纹线的交汇，形成网络酷似虎皮状，其光泽华亮而不暗，质性温润而不粗硬，属于福黄石的少见品种之一。此类石常有产出，但形成均匀美丽的虎皮状者却极为少见。该品种与其他福黄石伴生，但很少见，故为上品，价格昂贵，其构成同黄中黄品种一样，主要矿体成分是高岭石，在形成中残留了原岩色斑，生成虎皮黄这一罕见品种。

9 | 落叶黄

落叶黄是巴林福黄的少见品种。该品种在大面积的浅黄或深黄色的地上散落着一簇簇黑色的针叶状斑点，也有的如针叶树枝，使普通的福黄冻石涂上几笔秋后的景色，更显得壮美。此品种的光泽多为油光、柔亮。其质性也是半透明，犹如冻冰，很招人喜爱。该品种常伴生在其他福黄石之中，很难发现，因而数量很少，价值不菲。

10 | 沙雨黄

沙雨黄是巴林福黄石的一个特殊品种。该品种色彩丰富，以深黄为主体，浅黄作点缀，编织出一条条天然暴雨线，漫空洒落，颇为壮观。该品种为蜡光，水亮，辰砂细腻。质性油润，冻质地，纹理一致，线条清晰、富有灵气。此品种现仍有产出。虽然市面不常见，但价格不太昂贵，目前市场参考价每千克原石在2000元左右。

11 | 紫烟黄

紫烟黄是巴林福黄石的佳品。此石主体颜色蛋黄色，也有深黄色，浅黄色等十几种。然后，很随意勾画上几笔紫色墨，蜿蜒的缭绕在黄石面上，从而体现一种庄重典雅，宁静祥和，栩栩如生的美感。该品种光泽艳丽，油亮，色彩稳重均匀。质性温润莹透。纹理清晰，图案醒目，犹如一幅幅水墨丹青，耐人寻味。该品种数量较少，价格不太高，目前市场参考价在每千克300元左右。

12 | 冻斑黄

冻斑黄是巴林福黄石的奇特品种。该品种主色调是浅黄，时有深黄或橘黄。从石色中又浮现出条条片片的，且略透明的黄白色冻斑，仔细品之犹像金沙滩上的积雪或结冰，垅上垅下，花花打打，惹人遐思。此品种光泽亮丽，雅重。质性透润、蜡腻，观之，赏心悦目。该石现今石产出量不多，其市场参考价每千克在500元左右。

13 | 豆沙黄

豆沙黄是巴林福黄中的特殊品种。该品种的主体色彩是浅色，时有深黄色出现。而奇特的是在黄色的石面出现几块紫红色或紫粉色的斑块，犹如豆沙馅，装在玉碗中等待成宴。此品种属蜡光，华亮。其质性温润，细腻和凝重，也称巴林福黄石的精品。该品种最早产于1986年。产出地点为二采区红花料采坑，其形成为热液体，围绕角砾交融后，形成豆粉色的晕圈状。此石产量较低，偶有产出。是收藏精品，市场参考价每千克5000元左右。

14 | 银线黄

银线黄是巴林福黄石的普通品种。该品种以黄色为主体，贯穿着数条白色冻线，如悬挂在皇宫中的锦缎帘，默默地用银线编织着黄色的梦。该品种光泽亮丽，典雅大度。其性华润，凝重，富有生机，属于彩冻绵料。适合作印和自然形。该品种适应加工自然形，供欣赏和收藏。目前市场上此品种较多，线条粗细不一，线色银、黄、红不定。价格也不稳，市场参考价每千克在2000元左右。

15 | 春蚕黄

春蚕黄是巴林福黄石中的罕见品。该品种通体为褐黄色，分布着不均匀的白色斑块。其块体有的如蚕蛹形状，故名春蚕黄。春蚕黄石褐黄色调比较协调一致，犹如陈放多年的桑树木材，也像一根根黄蜡烛，上面挤满白色的蚕蛹活灵活现，生机勃勃，使人想起"春蚕到死丝方尽，蜡炬成灰泪始干"的名句。此品种光泽华丽，大方。质性油润，洁凝。该品种产出数量极少，市场上不常见到，其价格也很贵。

16 | 铁焰黄

铁焰黄是巴林福黄石的佳品。其色彩以黄色为主体色，青绿色为辅色，色彩成熟，色调老艳，凝重，青绿色犹如烈焰升腾翻滚，熊熊直上。其光泽艳亮，高雅，博人喜爱，质性细腻温润，富有片片生机。该品种产量较少。以黄黑相融协调，带有升腾感者为上品。市场参考价每千克3000元左右。

17 | 桦叶黄

桦叶黄是巴林福黄中的珍品。该品种以蛋黄色为主色调，时有浅黄和深黄色描绘出白桦林簇簇金叶恋秋不凋的美丽景观，感悟人生要在困难挫折面前，勇敢面对，正气凌人，不屈不挠，奋勇直前。此品种光滑亮丽，美观，质性细腻，圆润，富有诗意情趣。该品种产出时常常伴生黄中黄品种出现，真正形成此种珍品实在太少了，所以目前市场价格难以估定。

18 | 豹皮黄

豹皮黄是巴林福黄石中的美品。该品种在主体黄色调中分布着深黄色的小圆点，错落有致，像张豹子皮，故名豹皮黄。此品种光泽柔亮，质性润雅，为冻地质，富有生气，此料适合雕刻金钱豹。该品种最早产于1994年，采出地点为一采

4号硐。其形成是原矿体中保留岩石球粒状圆点结构，从而形成这一品种，俗称豹子黄。其产量不高，特别是与豹子皮相像的更不多。所以市场上的参考价每千克在6000元以上。

19 | 湘竹黄

湘竹黄是巴林福黄石的奇特罕见品种。该石具有明显的节节竹干，竹枝和竹笋，也又有密密麻麻的像竹叶繁茂，斑点累累像泪痕，勾起人们千般柔情，无限忧思。该石主体颜色为浅黄色和赭黄色，其光泽油亮，打磨后自然出光。质性细腻温润，凝重。多为冻地棉料，最适宜加工自然形摆放或收藏。该品种市场参考价每千克原石都在10000元左右。

20 | 炒米黄

炒米黄是巴林福黄石的主要品种。该石通体为黄色，石体中布满了深浅黄色的圆颗粒，犹如塞北草原牧民们特产的炒米食品，随风飘来，阵阵的米香。此品种色泽柔亮，质性多为彩石地，时有冻地出现。虽然不透，但润华凝重，洁净。而如炒米的颗粒分布都较均匀，是比较好看的一种石材。该品种市场参考价每千克6000元左右。

21 | 金砾黄

金砾黄是巴林福黄石中的主要品种。该石的色彩是以灰白色的地子为主体，而分布着黄色的圆形石砾，若以深黄色的地子为主时，又分布着白黄色的圆形砾。石砾融会于石中，有的像熟透的串串葡萄，有的犹如虚虚实实的鸟卵浸泡在清澈的水中，引起人的遐思。其光泽油亮、华丽、质地为冻质棉料。适合加工印章、自然形和雕件。该品种虽不多见，但价格不高，市场上参考价值每千克3000元左右，块大的显然价格要高出几倍。

22 | 流纹黄

流纹黄是巴林福黄石中的美品。该品种颜色以深黄色和浅黄色为主体。石体中呈现出有规则的车轮纹，纹的色泽有黑、白、黄等不同色彩，构成圈状如轮回日月轨道，永不停息地滚进。此石光泽为暗光，质性润而透，凝而不细。适应于加工自然形和雕件。该石产量不多，多产于矿脉20米以下的底部。市场上可以常见，而且价格并不太高，一般收藏者都可以寻到。

五
巴林图案石

　　巴林图案石是巴林彩石中的一种，其色彩多样。有些形成了非人工的天然画面，大多如山水画。由于不同于大理石的单色画面，使其更具艺术境界。

　　巴林图案石，有冻地、非冻地、半冻地等区别。画面如山峦重叠、秋山峡谷等，别有洞天。其颜色有多种，白、黄、红、蓝、黑等，深浅不一，或单纯，或交织，形成如秋色枫林、山岚雾嶂等浑然天成的意境。这正是中国国画追求的目的和人工画不出的效果。因为风景本来就主要由山石构成，如此的小画面，由小规模的石纹构成，它们表现的就是自己本身，当然是无比的形象。但如果要取得好的画面和颜色，天然搭配成绝佳的石画，自然是要下功夫和用灵感去寻求的。或做印章，或做镶嵌，是极有价值的文房珍品。

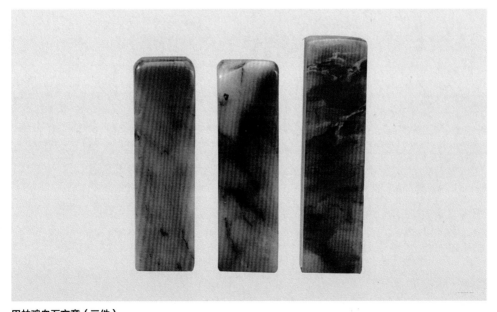

巴林鸡血石方章（三件）
边长2厘米，高7.7厘米／长2.1厘米，宽2厘米，高6.8厘米

第四章

巴林石的品级鉴定

巴林石通常的分级方法是按照内蒙古自治区人民政府制定的《内蒙古自治区地方标准·巴林石》的标准要求去进行。该标准对巴林石的颜色、质地、重量、光泽、硬度、密度等都提出了技术要求，并划定了标准等级，明确了鉴定办法和判定原则。对巴林石进行鉴定时，可先确定是属哪一类巴林石，然后按照技术要求一项一项地进行对照，确定品级。这样，就会对自己手中的巴林石有一个较为清楚的认识。

一
巴林石的传统鉴定办法

由于决定巴林石质量高低的一些要素，如鸡血、图案等具有很大的不确定性，一些技术标准又难以用文字表达得十分明确，所以人们在对巴林石进行鉴定时，还通常使用一些传统的常见的摸、刻、看、辨等十分有效的办法。

1 ｜ 摸

通过触及巴林石的肌肤传递感觉来进行鉴定。巴林石的石质不同，置于手中的感觉也有所不同，这种感觉用语言文字难以详尽表述，但经过长期体验，细细抚摸不同品种的巴林石时，留存于手间的感觉确实有很大差异。这是一种感性与石性相融的感觉，石性或温或寒，或细或粗，或柔或坚，或密或松，或绵或脆，一摸即可得知。巴林石的经营者们进入矿硐购买毛石时，主要通过这种办法来进行鉴定。

2 ｜ 刻

用一些物品对巴林石进行刻画，以对其硬度进行测定。巴林石不同的品种硬度不同，杂质的含多含少、石性的黏性脆性、开采的深度浅度等也都影响其硬度。所以巴林石的经营者们对硬度的测试十分重视，购买巴林石时，都用随身携带的钥匙、小刀等对巴林石进行刻画，没有这些物品时，用手指甲直接进行刻画，并根据条痕和刻画时的感觉来判断巴林石的质量，决定用途。因为硬度在2度左右的巴林石，用指甲也可划出条痕，有的用牙咬也能起到相同效果。

3 | 看

用目测的办法鉴定巴林石的质量。如是巴林鸡血石，则主要是看血的多少和状态、色泽的浓淡和清浊、质地的粗细相混杂等。凡血色纯正、血线宽厚、质地优良者为上品，反之则逊之。一般地讲，血线好于血面，血面好于血点。如是冻石，则要看质地是否透明晶莹，肌理是否清晰等等。如是彩石，则要看色泽是否丰富。如是图案石，则要看形象的逼真程度，在石面上所处的位置、比例以及色彩等等。看的过程中还应注意石头的用途，是用于雕刻、印章，还是用于自然型。用途不同，鉴定的方法也应不同。为了看得更加清楚准确，看之前可在毛石上洒上些水，这样石面会变得更加清晰。看的过程中要注意应在日光下，而不要在灯光下去观察巴林石的颜色。因为日光是包括赤橙黄绿青蓝紫在内的各种色光，而灯光是不全光，由于射入光的光谱不全，反射的光谱也不全，颜色也就不准，所以有"灯下不观色"之说。

4 | 辨

根据不同巴林石的不同特点，对其加以区别，做出判断。巴林石有时虽然表里不一，显示出很大的差异性，但并不是无规律可循。只要认真研究，积累经验，就可以透过一些现象去辨别出其本质。比如，从石头的品种可以辨别出从哪条矿脉产出，哪年产出，产出多少，从而可以判定其质量如何，有多大收藏价值。从石面上的点点散血可以找出血线，并判定其血面的大小；从朦胧的石面上可以辨出图案，找出其艺术价值等等。应该说，加工前在外部特征区别并不明显的众多的毛石中能选出一块有价值的石头并不是一件容易的事。因为巴林石在形成过程中各种元素的渗染并无规律可言，有的鸡血石外部血足且艳，开料到中间时鸡血全无；有的外部只有点点散血，中间锯开后可能会出现很大的血面。因而巴林石的鉴定一半靠辨别，一半靠运气。

鉴别内容和其他印石一样，主要包括以下几个方面。

质地鉴别：主要鉴别质地的纯净细腻程度和完整性。

光泽鉴别：主要鉴别石的光润程度，观察其肌理、光泽、温润和清晰程度。

颜色鉴别：主要鉴别颜色纯正程度，色泽自然性和层次的分明程度。

意蕴分析：观看石画面，分析意境，品评石中蕴藏的深刻的文化内涵。

巴林鸡血石品质高低，以地子、血色区分：

地子，即质地，有冻石、普通石、炼石(灰白软石或硬石)数类，以冻石为最佳。其色有白、粉、黄、灰、绿、黑等颜色，以白如玉的羊脂冻地为上，乌冻次之，绿地最下。

血色以朱砂的多少、形态、鲜艳度而分。色有鲜红、正红、深红、紫红等，形有片红、条红、斑红、霞红等。一般以血多、色鲜、形美者为佳。而血质浮薄飘散者则往往是易褪色之下品。判断巴林鸡血石的好坏，首观鸡血颜色是否红，质地透明的程度，缺陷的多寡，这是最基本也是最重要的鉴定方法。

二 巴林石四大品类的鉴别

工艺美术上要求巴林石颜色鲜艳，光泽强，透明度高，质地致密、细腻、坚韧、光洁，块度大。对于其中的巴林鸡血石则要求颜色为全红、鲜红或"鸡血"在鸡血石中分布有一定的规律，呈现出千姿百态的美丽外形。

在质量评价过程中，可以根据色泽、质地、块度等因素，将巴林石分为一定等级。迄今已知的最大巴林石块重1吨以上，最大的鸡血石块重近10千克，极为珍贵。人们在鉴赏巴林石的过程中，常常习惯于按巴林鸡血石、巴林福黄石、巴林冻石、巴林彩石、巴林图案石的顺序排列巴林石的品级，这是不科学的。其实巴林石的五大类互有优劣，一般的鸡血石不如优质冻石，而特殊的彩石则更为名贵。现在，由于巴林石地方标准的颁布和对巴林石认识的不断深化，人们已习惯于将质地、色泽、象形、石艺等综合起来对巴林石进行品评，并将巴林石的国家标准鉴定与贸易活动规则、历史约定俗成的品评等融为一体，把每大类巴林石分为若干品级。

1 | 巴林鸡血石的鉴别

鸡血石，是巴林石中的极品，人称"巴林鸡血石"。巴林鸡血石产量较为珍稀，其比例只占巴林石总量的千分之五，鸡血石汞含量一般在0.01％～0.05％

之间。

巴林鸡血原石的重量小可为克，大可至吨，无有定局，地子世人喜欢套用昌化的桃花地、白玉地、豆青地、荸荠地、肉膏地、藕粉地、全红地、五彩地等名称。新的名称不外乎是冻石和彩石为地的称谓。血色可分为朱砂红、大红、紫红、浓红和淡红。

巴林鸡血石的最早发现应为1945年前后，当时日本人雇佣劳工所采的就是鸡血石，石卧曾有开采鸡血石的痕迹，幸存的劳工也回忆了此事。不过，那时的开采是零星的，并且只能以昌化鸡血石的面目出现在市场上。

巴林鸡血石的复出是在1973年12月28日。那时，赤峰工艺美术厂创始人之一邱鲁男选料准备做一对书档样品，解料时发现两块石料上有对称的红色，利用这两块石料刻了一对二龙戏珠，巧用俏色，两个珠即为鸡血石，其他的青色部分各刻了两条龙。1974年又一工人孙启东在一块小石头上发现了高粱米粒大小的鸡血，他刻制了丹顶鹤，鹤顶利用了鸡血，在北京友谊商店出售，这是两件最早的巴林鸡血石工艺品。

1978年，巴林石矿开采出了少量巴林鸡血石，一举震动了工艺美术界及一些鉴赏家、藏石家和篆刻家。不过，当时毁誉参半，巴林鸡血石没有马上被认可。赤峰工艺美术厂曾加工两方6厘米×6厘米×14厘米的鸡血石章料，六面全有血，色红，血的堆积厚度多，两方仅以2000元人民币成交于北京刻字总厂，结果还是被退了回来。不过，"一石激起千层浪"，从此证明，巴林鸡血石矿是继昌化鸡血石之后的又一产地。

其实，昌化鸡血石的声望及价值也是长期形成的，昌化鸡血石已有600余年的历史。据考证，英国博物馆有一对铁像，周身用鸡血石片胶粘其上，疑为明代宗庙中的纪念之像，当时鸡血石价值可想而知，一定不会太高。而今，昌化鸡血石却珍贵无比，巴林鸡血石的声望与价值也会与日俱增。昌化鸡血石质地粗而色鲜，对比强烈；巴林鸡血石质地润而血红、锦上添花。可谓"南血北地，各有千秋"。

认为昌化鸡血石好者，可能有这样三种情况：第一，是受先入为主思想的影响。昌化鸡血石因为有六年多年的历史已有相当的名望，而巴林鸡血石仅属崭露头角；第二，是这些人只见到过昌化鸡血石的上品，而没有见过巴林鸡血石的上品，用巴林鸡血石的中下品和昌化鸡血石的上品相比较，以偏概全，自然得出错误结论；第三，因为巴林鸡血石是新产物，对其特点不掌握，认为会变色。实际上两地鸡血石都有优劣之分，昌化鸡血石处理不当也会变色。

　　鸡血变色涉及到对它的加工是否得法，更主要的是取决于石材本身的质地。多年的经验告诉我们：凡属脆性石材，密度大，硬度为2.5或接近2.5度的巴林鸡血石，根本就不存在变色问题，多数巴林鸡血石属此类情况。硬度在2度左右的黏性、沙性、粉性石材，它们自身的颗粒大、密度差，不易受力或极易受刀，这种石材，遇阳光或高温，确实变色，轻者变为紫色，严重的变成黑色，这在巴林鸡血石中是极少数。但是，如和上品鸡血石混在一起，势必影响巴林鸡血石的声誉，这需要产地去做去伪存真的工作，同样，也需要用者慧眼辨石。

　　由于巴林鸡血石产量越来越少，其价格也在不断上升，益显昂贵。如何去鉴赏也就显得越来越重要了。巴林鸡血石主要看石地、血色和质性这三大特征。其次看形状和色泽等几个方面，仔细鉴赏即可。

　　石地也叫地子；主要包括硬地子、软地子、冻地子、玉地子、干净地、杂花地等。软硬地子用刀一试便知。地子太软，太硬都不是上品。中性地子为最好。软硬地划分的标准是以硬度对比，其硬度低于摩氏2度以下为软地，高于2.8度以上为硬地。软地易走血，用水泡洗易碎裂。硬地质地粗糙，砂粒大含有石丁，少润感。冻地是指石面像皮冻，透明半透明。玉地子是指不透明，没有冻，像玉石一样。干净地是指地子上光滑净洁无杂色，近乎一种色泽，要么全黑色，要么全白色，全黄色，全粉色等。杂色地子是指石面具有多种颜色。冻地子，又干净为上品。玉地子又干净为中上品，冻地子或玉地子有杂花为中品，依此类推，杂花地子又无冻，看上去杂乱又脏污为下下品。

　　（1）血色

　　主要包括鲜、老、深、浅、正、暗等几种。血色鲜艳，血色正，其血多，成片状，给人一种娇艳欲滴欲流的感觉为上上品。血色深且色正为上中品，血深且色暗为上下品；血浅色淡为中上品；血紫色黑为中下品；血为红黄色且又鲜又嫩发荧光为极上品，也叫（血王血）；血为黄红色，起荧光，也称之鸽子血，为极中品。

　　（2）质性

　　是指血石的质地温润，细腻，光滑，净透而又富有灵性。温润、细腻、光滑直观能看到。手感好，犹如抚摸婴儿的皮肤之感触。净透、灵性；主要指洁净，透明度和情韵。其情韵很难用文字来解说，比如说，看上去此石要说话，要唱歌，不是死物而是活物。色泽指血石的地子的颜色。目前产出的巴林鸡血石其色泽几十种，一般讲色彩纯正为最佳。如黑色、绿色、白色、黄色、蓝色等也为最佳。紫色、红色等易和血色混，淡化血色。总之，巴林鸡血石地子的色泽以黑黄白者为贵，以绿蓝者为罕，以净洁者为佳。

（3）形状

可理解为鸡血原石（也叫毛石）和成品（也叫工艺品）。原石的形状大小不等，形状也各不相同。大者一块成吨，小者一块成两。成品也有大小之分，品名之分等。品名上主要加工章料（印材）其尺寸不等，还有雕件、手把件、饰件，随形等。血石印材价格较高些，因为加工印材的原料要挑选上品，无缝无柳，无杂血多，又不损材。反之加工雕件或随形，小块制作把件等。总之，无论印章，雕件，随形和把件，饰件都有精品、次品，都有收藏价值、艺术价值、鉴赏价值、印章还有使用价值。

（4）色泽

巴林鸡血石本身具备温润，细腻等特点，经过精细的磨光加工后，会出现一种自然的光泽。不必打蜡上油最适宜把玩、人体摩挲，如果大件石，可以找行家重新抛光上蜡。放在日晒不强的架橱上，不要上油。购买的原石要放在空气湿润的地方，最好用潮湿沙土埋之保护。已购买上过油的鸡血工艺品种等要想长期收藏的，最好找巴林石行家把油浸出，然后再加热上蜡。要间接数天上蜡2至3次，这样便可永久保存。

巴林鸡血石根据市场行情及自身特性大致可以分为六品，标准如下：

（1）绝品

即过去属于上品的鸡血石，产出不多，现在资源已经枯竭，不再产出的品种，如夕阳红、翡翠红等。这一品级的鸡血石绝大多数流落到个人手中，一般不轻易外露，极有收藏价值。

（2）极品

血色为朱砂红，地为牛角冻或桃花冻，无钉无绺，前者红青对比强烈，后者红色配血红，锦上添花。除这两样外，任何颜色冻石，只要颜色够朱砂红，地子纯净无杂，无钉无绺，也可列入此品。如鸡油红，大红袍等。

（3）上品

即地子为上好的冻石，底色纯正，色彩

△ **巴林鸡血石章**

长2.3厘米，宽2.3厘米，高8.7厘米

鲜明，纯净无杂，无钉无绺，血色鲜红，面积大或血线宽，且前后贯穿，血和地搭配得巧妙浑和，硬度适中，加工后造型美观，极富光泽者。其中，血色部分闪黄光的谓之金片，闪白光的谓之银片，这样的巴林鸡血石属上上品。这一品级的鸡血石由于产量很少，早已被收藏家们所看好，价格一路上扬。如芙蓉红，金银红等。

（4）中品

地子为一般的冻石或彩石，或质地较好，但色泽与血反差太小，画面显得杂乱，鸡血的面积不大，血线不厚，血色不鲜。有少量钉绺，加工后形状不佳或光泽不好者。主要有三种，一是具备上品条件，但有少量的钉和绺者；二是血色面积小，色稍差者；三是金银片不是圈定鸡血部分，而是盖住鸡血部分者。如蜜枣红，玫瑰红等。

△ 双狮戏珠、螭虎盘鼎巴林石方章

长3.5厘米，宽3.5厘米，高13厘米/长3.3厘米，宽3.3厘米，高13.7厘米

（5）下品

即地子为较差的冻石或彩石，色彩杂乱无章，鸡血未成不鲜或老而发紫，呈面积点状且分散，无形无光亮。血色老而发紫，血的面积小，地子杂乱无章者。血色紫黑，地子为狗屎地就只能列为下下品了。

（6）伪品

容易走血的黏性鸡血石；红的辰砂，貌似鸡血石；以巴林石做地子，用树脂混合朱砂细粉处理石头，惟妙惟肖，人称假鸡血。

另外，还有血形这一因素不容忽视，一般来讲，"血线"好于"血面"，因为血线深入石中，而血面则浮在表面，如果血面堆积的厚则可另当别论。地子类别百种，下面有章节详述。任何宝物都有一种宝像，鸡血石也不例外。宝石有二色性，象牙有牙纹和横草不过的本能。鉴别真假鸡血石，第一种方法凭经验观察，真鸡

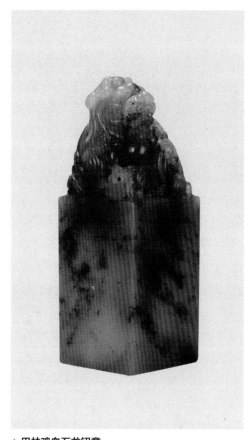

△ 巴林鸡血石龙钮章
边长3.7厘米，高10.2厘米

血有一种色调调合的感觉，其光泽为宝光；假鸡血色调怎么看也不舒服，有一种说不出的感觉，其光泽为贼光。第二种办法用仪器，使用电工的摇表一试便出真假，真鸡血为红汞能导电，假鸡血为树脂和辰砂，并只能做表面文章，两面的血不可能有连带关系，所以摇动摇表会毫无反映。其他两种假鸡血较易鉴别，黏性鸡血石手感粗，发涩，辰砂血面要比地子松散，好的鸡血石虽是平面，鸡血有凸的视觉，辰砂看起来有凹的视觉。掌握了这些办法，就不容易受骗和上当了。

2 | 巴林冻石的鉴别

鉴别巴林冻石同鉴别其他类别的石种基本相似，主要根据形、色、地和绺、裂、杂色质等几个方面进行认真观察即可。

△ 巴林粉冻鸡血石章

边长3.4厘米，高9.1厘米

△ 巴林鸡血石兽钮方章

边长2.6厘米，高8.1厘米

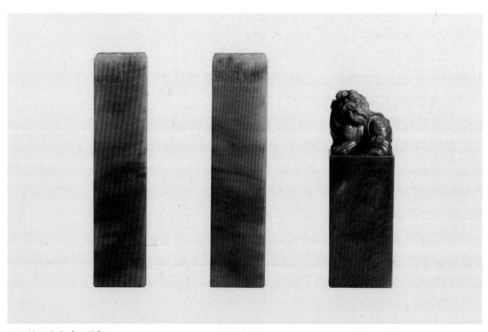

△ 巴林石方章（三件）

长3.5厘米，宽3.4厘米，高15.6厘米／边长4.1厘米，高13.3厘米

（1）形

即形状。一块巴林冻石，看它形状适宜做什么材料。如方形，切割印章不浪费材料，卵石形适宜雕摆件，或是磨成自然形，总之要因材施艺。对成品的形状也要认真观察。如印章，看尺寸是否标准是否方正。摆件的工艺造型是否艺术，是否合理等。这叫赏形。

（2）色

指颜色。看冻石或成品的颜色是否统一，浸染色是否一致、协调，光色是否鲜明等。色彩纯正鲜明的品种为上品。色彩如太杂，太乱又没有意境也不能利用的为次品。所以说冻石的颜色很重要。

（3）地

指质地，质地包括冻石的软硬、脆绵等石体的性质，还包括其透明度等。质地在鉴别冻石中也是非常重要的一关。必须详细察看，首先用金属工具试一下软硬度，断定什么性质的石料，然后借用阳光或灯光观察它的透明度，是明透、半透、微透还是非透明。这些标准都看透了，做到心中有数，就能断定其价格是否合理，品种为绝品、极品还是上上品。行家们常以阴、灵、油、嫩、细五个方面鉴别冻石；阴，指部分或全部呈现阴暗色调。油是指为油脂质还是蜡性质，嫩是指质地软、绵、润，不硬，不脆。同时还看是否透。细是指质地细，不粗糙，不松散而又富有灵性。当然质地软硬适度，呈现透明状或半透明的冻石为极品或上上品。

此外就是根据石体或工艺品是否有绺裂纹和杂质等几个方面，来鉴别巴林冻石。

杂质主要是石体上有石花、石钉、石线和杂花地等。有绺和杂质的，一看就知。要看其杂质是否能处理，而已处理的看是否得体等。

绺裂纹有时难以发现，挑选时要认真仔细。查看裂纹，一是石体斜照日光或灯光，看其各面是否有裂纹，如果有用这种方法定能发现。二是用手挤压，当对它加重压力时，有裂纹的地方会出现明显的水或油沁出的印痕。还有的把裂纹用胶进行处理过，但用光斜照可看到比原石发亮的胶线。常见的绺裂有死绺裂，为通天的，非常明显，无法补救；有活绺裂，是指细小的能剔除，能补救。还有胎绺裂，是指在石体里面，外面见不到。有绺裂的，为次品。

目前市场上巴林冻石造假的现象很少见到。原因可能是其价格还没有达到特高的界限吧。但色彩上出现过作假的，为炮色。如把价廉且浅色的冻石染成深色的品种出售。染色的方法有两种，一是蒸煮法；二是辐射法。如细心观察是能够鉴别出来。再者是用外地的石种冒充巴林冻石的。这种石料比巴林石略硬或软，

△ 吉祥如意巴林鸡血石摆件

高9.5厘米

用刀一刻便能发现。现在做假最多的巴林水草冻，其作假的方法是用油性墨在巴林冻石面上画草，如不认真观察就会上当受骗。只要仔细观察水草面非常容易识别，假草图案石的用墨痕迹明显，缺乏刀剔感。

巴林冻石类根据市场行情及自身特性大致可以分为四品，标准如下：

（1）极品

在此品中，一类是在冻石中切出惟妙惟肖的画面，令人拍案叫绝；一类是出现蓝绿颜色，且面大色正；一类是过去即为上品，少有产出，现在资源已经枯竭。以上几类冻石质地纯正、透明度较高、没有绺裂、块度适中者才属此品。主要有福黄（刘福冻、刘福黄）。此石为巴林冻石之最，集极品、珍品、稀品于一身，好者为晶，次者为冻，其质地不让田黄石分毫。还有水晶冻、灵光冻，此两种石应为晶类，按人们习惯称呼假名为冻。而玫瑰冻、松花冻、环冻则被称之为稀品。

（2）上品

即质地细腻，透明度较高，肌理清晰，色泽纯正，浓淡可人，石质不干不燥，易于受刀，石块较大，便于雕刻时切割选择，不含钉绺者。上品中，一类是质地非常纯净，不含一点杂色，如水晶冻、玫瑰冻、芙蓉冻、牛角冻、羊脂冻、桃花冻、杏花冻、墨玉冻、虾青冻、猪白冻等。一类是质地上等且又有独特画面者，如冰草花、米穗冻、晴雨冻、金箔冻、文颜冻、三元冻、满满冻、云冰冻、凝墨冻等。其他冻石品种的线条或斑纹形成图案，虽不够逼真，但能体现出一定意境者也在此品。

（3）中品

质地透明度稍差，纹理不够清晰；颜色单一但欠纯正，或颜色多样但欠鲜明；稍含钉绺或有些裂纹但不影响质量，块度有一定选择余地者。包括有玉带冻、杏花冻、一线天、蜡冻、鱼脑冻、虾青冻、瓷白冻、彩冻、斑冻（彩冻指透明好者，斑冻指斑点为冻点者）。

（4）下品

被打入下品的冻石主要有以下几种情况，一种是自身质地确实不佳者；一种是上述三品中的绺裂较多者，透明度较差者，块度不够者。包括有中下品：褐冻、褐红冻、红冻、淡红冻、板黄冻、黄冻、淡黄冻、青黑冻、青冻、淡青冻、彩冻（指透明度差者）；下品：赭半冻、红半冻、淡红半冻、板黄半冻、黄关冻、淡黄半冻、青黑半冻、青半冻、淡青半冻、彩半冻；下下品：驴皮冻、斑冻（斑点为钉者）。

△ 巴巴林鸡血石章（八件）

尺寸不一

△ 巴林白玉地鸡血石素章

长2.5厘米，宽2.5厘米，高8.2厘米

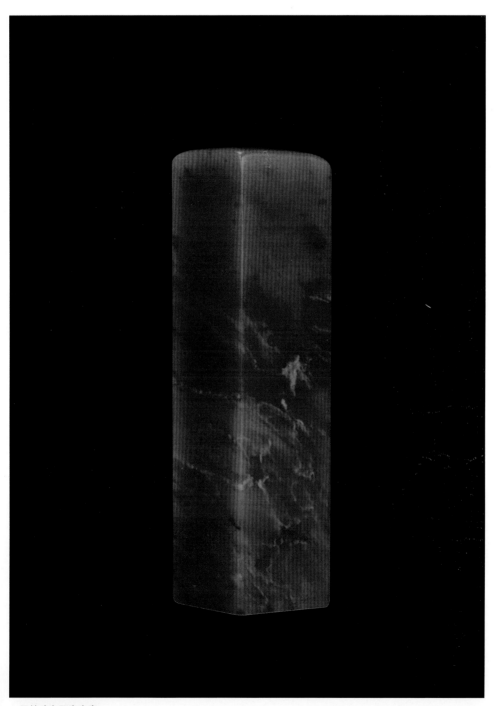

△ 巴林鸡血石素方章

长2.3厘米，宽2.3厘米，高9.3厘米

△ **巴林石方章（三件）**
尺寸不一

3 | 巴林石彩石

巴林彩石是别具特色的，花纹奇异，颜色艳丽不同凡响，它的色彩以白、红、黄为主，青灰、紫色次之，由此构成诸多的纹饰。具体可分为两种类型，一种是普通的彩石，最常见的有红花石(浸染赤铁矿所形成)、黄花石等，另一种带有象形图案、纹饰，是蓝灰绿或棕黄色的半透明至不透明石表，花纹分布在彩石内的三维空间，酷似镶嵌石品，如泼墨花纹、水草花、金丝草等，花纹形似松叶，串串密布，或似松枝，迎风摇曳，形象、生动，富有情趣。

彩石中的构象图案则介于似是而非之间，如白色质地中由奇形怪状的纹饰构成"西天取经"图，似马非马、似人非人；由枯草黄和绿色构成的草原，上有风卷残云般的变幻图案；由鸡血呈火焰状展布的"燎原""梦幻世界""风云"等图像，也引人入胜。

巴林彩石以色彩见长，绚丽多姿，富于情趣，常伴有天然图案隐现其中。尤其切割之后，时时会剖出意想不到的景物，形在似与不似之间，引人想象，抒人情怀。有的图案十分逼真，令人惊叹；有的一团色彩，一派抽象韵味；还有的干脆就是一幅山水画。此类石种也适宜切割对章，拼对出的图案更是千姿百态，且十分对称，人物、动物、昆虫、花卉，栩栩如生。其中一些品种石质优良，富有特色，丝毫不逊于上等冻石。此类石种也分脆料、绵料，各品种间石质优劣悬殊较大。

鉴别巴林彩石同鉴别其他石种相近，主要围绕形、色、质、伤，这四个方面，简介如下：

（1）形

即指形状。是指大小、薄厚，属于何种成品，是方章或扁方章，是圆雕还是浮雕，是毛石还是随形等。因为形状不同的巴林彩石有不同的价格。鉴别原石，也叫相石，主要是看适宜做什么，如何利用色形进行雕刻，选用什么题材好等等，这些内容也叫赏石。赏石的学问很多，也非常重要。赏石赏好了，论价有据，物尽其用。

（2）色

是指颜色，包括色调、色相、色泽、内色、外色等。色也叫呈色，观石首先看其呈色如何，什么颜色为主，即色调。深浅如何，清色还是混色，色彩是否均匀协调，杂色多或少，是否易于利用或处理等等。赏石时，对色彩的评品也是至关重要的，以色论石优劣，以色论价高低，以色论作何材等。色泽好，单色调，色鲜净洁不乱为极品或珍品、佳品，这是公认的鉴石之名言。

（3）质

是指质地、质性。质地包括石质粗细程度，绵脆性质，光泽强弱，是什么光。透明度高低，软硬程度，品位高低，石内含什么矿物成分等。一

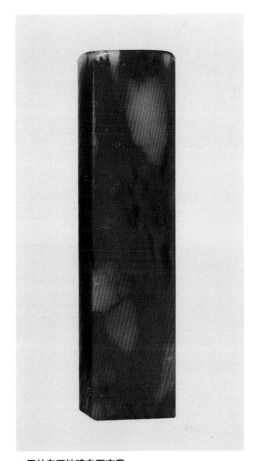

△ **巴林白玉地鸡血石方章**

2.2厘米×2.2厘米×9.3厘米

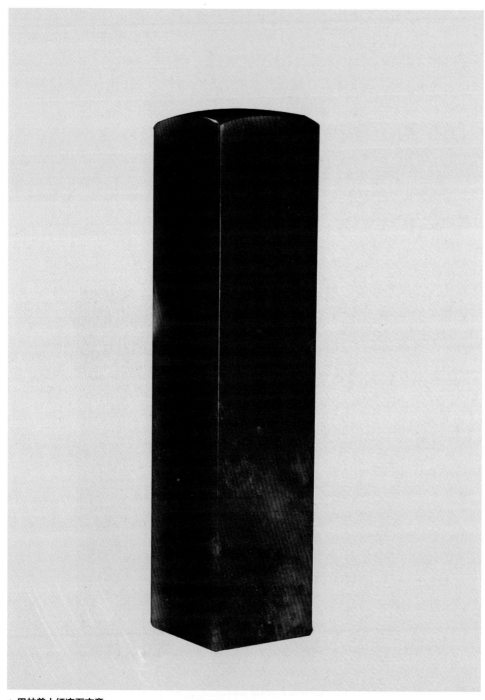

△ **巴林美人红冻石方章**

边长3.6厘米，高15.5厘米

△ **巴林石狮钮章**

边长3.1厘米，高16厘米

般来说石质细腻，剔透，光强，性绵，硬度适中，主含地开石矿物的石质为极品，珍品，或佳品等。

（4）伤

是指伤残。主要包括裂纹、小绺、残破，或少尺寸，有杂斑等。无论是鉴别彩石的原石，还是彩石制成品，首先要检查是否有残缺，就是俗话所说"找毛病"。一是挑石体上是否有人裂纹或小绺裂；二是检查成品的边角是否伤残，表面有无砂眼等；三是看成品尺寸是否足，安排尺寸是否合理。比如一方印章看四面尺寸是否相等，如大头小尾，或一面宽一面窄，缺角抹头等，这些都是有"伤"，但要分清是轻伤、重伤还是微伤。印章宽窄相差半毫米为微伤，相差1毫米内为轻伤，超出1毫米是重伤。所有裂纹、大绺都是重伤；最后是看是否有杂花硬杂质，或微小砂丁等，有硬杂质的会影响质量和价格，有砂丁和杂质少的会影响价格，多的还影响质量。一般来说，石品无伤残的为极品或珍品，有微伤残的为佳品，有重伤残的为中品或次品。

△ 巴林鸡血石章三方

长2.6厘米，宽2.6厘米，高8.5厘米／长2.7厘米，宽1.7厘米，高7.2厘米／长2厘米，宽1.9厘米，高6.8厘米

巴林石彩石类根据市场行情及自身特性大致可以分为四品，标准如下：

（1）绝品

即彩石中切出了画面，画面线条清晰，色泽纯正，形象逼真，质地对图案衬托得当，块度适中者。如黑白石、金银石等。

（2）上品

其中一类是自身带有各种线条或斑块者，如满天星、豹子点、红花石、紫云石等；另一类通体是一种颜色，不含其他杂色，或虽是两种以上颜色，但颜色之间界线分明，比例协调，而且色泽纯正，硬度适中，没有砂丁，块度适中者。彩石中的其他品种如颜色能够达到这一要求，也都能成为上品。如杏花石、瓷白石、朱砂石、白云石等。

（3）中品

通体虽一色为主但不够纯正，带有其他颜色，而且不成比例，石面略显杂乱，不够协调，稍含钉绺或有一些裂纹但不影响质量，块度有一定选择余地。如流纹石、铁砂石、豆沙石等。

（4）下品

即色泽不正，绺裂较多，块度不够者。

4 | 巴林福黄石

巴林福黄石由于埋藏在地表，储量低再加上开采早，面临枯竭。目前市场上见到的也很少，所以其价格也不菲。俗话讲"物以稀为贵"，石商们叹曰"鸡血易得，福黄难求"。如何鉴别珍品福黄石也就显得十分重要。鉴别福黄石，首先要知晓福黄石的油润、细腻和净透等特点。上品福黄石的鉴别方法，一是看色彩，颜色特别正，韵调一致，要浓就浓，要淡就淡，或是不浓不淡。二是看光泽，光泽亮丽、柔和又油润。三是看地子，地子洁净无杂，呈现透明或半透明状。四是看质性，也是特点。首先看石质特别细腻，犹如提炼的鸡油脂一样而且润透。其二是看纹理，其纹理只有用40至50倍以上的放大镜细看才能看清，所有巴林石中都有点状的金属片，其他石且不具备此特点。

最后是手感，用手抚摸，手感特别好，不滑不燥，不粘不浊、不冰不热。如果具备"细、洁、润、腻、温、凝"六德便是福黄石的珍品。福黄石中的鸡油黄为珍，蜜蜡黄为贵，水淡黄为品，黄中黄为美，金末黄为奇，桃粉黄为罕，质地纯净者为佳。福黄石色泽不纯有杂质，暗、黑、浑浊、沙粒粗，或缺少油润感等，为次品或下下品。

△ 巴林粉冻石立兽钮方章

边长3厘米，高11.2厘米

鉴别福黄原石要看石皮是不是褐色，然后用刀刮一下石皮，看石地有没有杂质；色泽是否正，质地是否细腻，光润等即可论价。

福黄石的保养同鸡血石一样，加工后再用水砂纸打磨，先用500号、1000号、1500号、2000号砂纸沾水顺次打磨，最后用3000号再换干净水进行最后一次抛光，然后用手或皮肤进行摩挲数分钟即可。不要上油或打蜡，尤其上油对石头有化学反应，不但保护不好石头，还能起到破坏作用。福黄石目前在市场上也出现很多赝品。有树脂胶制作的，也有一些外地石头充当的，如内蒙古兴安盟出了一种黄石头非常接近巴林福黄石的蜜蜡黄，不细察看难以鉴别。

巴林福黄石类根据市场行情及自身特性主要分为二品，标准如下：

（1）绝品

即晶莹剔透、纹理均匀、肌理清晰的福黄。此石矿层稀薄，开采艰难，产量极微。该石由于质地与田黄石相比毫不逊色，因而进入市场后使许多藏石家难辨真假。这一品种已多年未见，素有"鸡血易得，福黄难求"之说。由于巴林石已以福黄命名分类，绝品中的福黄现一般都称为鸡油黄。如鸡油黄、蜜蜡黄、水淡黄、流沙黄、黄中黄等。

（2）上品

即质地细润，肌理透明清晰，通体为黄色，隐现纤细的水痕，坚而不脆，软而不松，色泽高贵端庄，形体玲珑剔透者，蜜蜡黄、水淡黄、流沙黄、虎皮黄、黄中黄等品种都可称为上品。如虎皮黄、落叶黄、金橘黄、豆沙黄等。

其他一些品种地上虽有黄色，但面积太小，不够纯净，形不成主色，因而划为其他品种，不属于福黄类。

第五章

巴林石防伪辨识

巴林石的防伪鉴别

　　近年来，随着巴林石知名度的不断提高，仿造的巴林石随之涌入市场，有的已经到了以假乱真的地步，既损害了巴林石的形象，也使广大巴林石爱好者受到了不应有的损失。

△ **巴林鸡血石松鹤延年山子摆件**

长103.5厘米，宽35厘米，高52厘米

1 | 巴林石的制伪与鉴别方法

（1）冒充法及鉴别

冒充法是用其他印材石冒充巴林石。近年来，全国各地陆续发现了用其他印材石冒充巴林石的现象。这些印材石有的虽与巴林石相像，但质地相差甚远。有的根本就不像，但被说成是巴林石的一个品种。鉴别的方法是平时多看一些介绍巴林石的书籍，多接触一些巴林石，加深对巴林石的认识，只要做到了熟悉巴林石，冒充法就会不攻自破。

（2）镶嵌法及鉴别

镶嵌法多用于自然形或雕件，即将一块质地较好的冻石或彩石挖去一部分，再以同样大小的鸡血石镶嵌上去或将鸡血石切成薄片，贴在没有血的石头上面或在醒目的地方刻出大小、深浅不一的坑，然后用鸡血石碎料蘸胶水嵌入，自然干燥后磨平，再在镶嵌的细缝处填入石粉，磨平后上光。还有的先将小块毛石黏合，然后进行加工。这样，一块普通的巴林石就会变成鸡血石，从而身价倍增。鉴别的方法是，仔细观察鸡血部分的质地，并与无血的部分进行比较，一般都会看出明显的不同，镶嵌的鸡血石的血色和纹理极不协调。同时还可对血线或血面进行仔细观察，突然消失的地方就是镶嵌的结合点。

（3）描绘法及鉴别

描绘法多用于印章，即在没有血或血很少的巴林石上涂以红漆或硫化汞，有时为了使鸡血稍有层次，往往要阴干后再涂上一次或几次，然后放到树脂里浸渍，晾干后上蜡即成。近年来，由于新一代的树脂不断出现，高透明、耐老化，而且极薄的树脂被用在造假上，真假血色混杂，较难辨认。还有的干脆全部用树脂合成法造出假巴

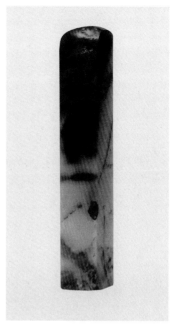

△ 巴林鸡血石刘关张章料

高20厘米

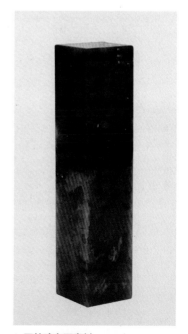

△ 巴林鸡血石章料

高17厘米

林石。鉴定的办法是用脸测试其温度，真石有一种清凉的感觉，而描绘过的石头则没有这种感觉。观察血色，真鸡血石的血色鲜艳活泼，纹理清晰；而描绘的鸡血石纹理不清，血色呆板。还可以用刻刀削切下一些碎屑，用火去烧，可燃的即是假的。

（4）煨色法及鉴别

煨色法是选纯净少裂的巴林石用糠火煨煅，使其色质发生变化。有的则用化学方法处理后再火煨。如黄色石料经火煨会变成红色，青白色石料油浸后经火煨会变成黑色，涂刷硝酸铁溶液后经火煨会变成红色等等。经火煨后的石色虽然发生了变化，但只能深入到肌理2—3毫米，其内质仍为原色，石性则变得脆硬，用刀一刻便能知其真伪。最近还发现有的用激光加色制成假福黄石，仔细观察会发现，与真福黄石相比，假福黄石纹理不自然，颜色不均匀。

△ 巴林石方章（两件）、人物摆件（两件）
尺寸不一

△ 巴林鸡血石海底世界摆件

高36厘米

（5）添补法及鉴别

添补法一般用于巴林石雕件，即根据雕件设计的需要。在某个部位用胶水漆补上鸡血石或冻石、彩石，接缝处嵌入石粉，有的还施以工艺，刻上云彩、山石等，以蔽添补之痕，然后整体磨光上蜡。这样，小件变成了大件，普通巴林石雕变成了鸡血石雕，要价往往也涨到了几万或几十万。鉴别的办法是对于体积较大的雕件，不要轻易相信是一块巴林石雕成，要仔细检查质地、颜色明显差异的部位，特别是鸡血部位的周围，贴接缝处用刻刀划刻，可感觉到明显的差异。

巴林石是四大印石之中的新秀，随着近年来的崛起，以其美丽的颜色和充足的货源占领了国内外的主要市场份额，其价格也不断上调至几倍、几十倍，甚至几百倍。好的精品印材，如巴林黄、杨梅冻、灯光冻等，每方印章数百至数千元，尚难求珍品。鸡血石的涨幅更大，上品鸡血印章万元一枚实属常见，亦是难求珍品。

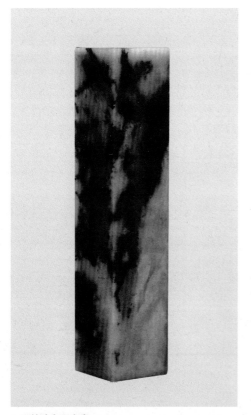

△ 巴林鸡血石方章

边长3.2厘米，高14.7厘米

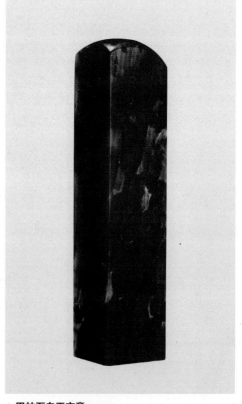

△ 巴林石血王方章

边长3厘米，高13.4厘米

△ **巴林鸡血石章（五方）**
边长2.2厘米，高7.7厘米／长3.4厘米，宽1.2厘米，高7.8厘米／长3厘米，宽1.9厘米，高4.2厘米／
长1.6厘米，宽1.5厘米，高6.1厘米／边长1.6厘米，高5.8厘米

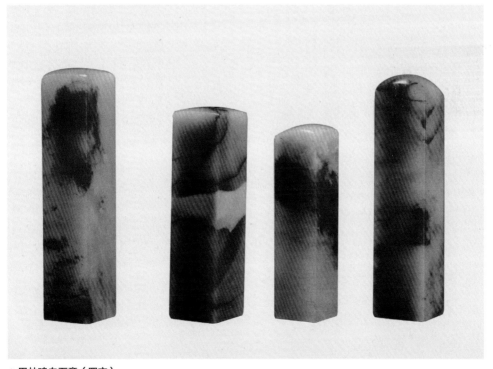

△ **巴林鸡血石章（四方）**
边长2.6厘米，高8.7厘米／边长2.1厘米，高7.8厘米／边长2厘米，高9.2厘米／边长1.8厘米，高7.1厘米

2 ┃ 真假鸡血石的识别办法

巴林石赝品、伪造品不多见，印材的估价是根据石质的优劣，颜色的美恶来进行的。其他地区产出的石材冒充巴林石，如石质顽劣，颜色不美也是没有好价格的。所以普通印材假冒巴林石的现象很少，至多是分不清而已。假冒伪造的主要对象是巴林鸡血石，鸡血石售价较高，造假者可因此获得很大利润，一些营苟之徒便挖空心思进行伪造，这几年来给中国印材市场造成了极大的混乱，也在旅游事业上给中国造成了极坏的影响。

识别假鸡血石并不难，掌握好如下几点，可以说上当受骗是完全可以避免的。

（1）假的鸡血石多数是用低分子环氧树脂在印材上制造成的，我们用于手掌或拇指，在可疑之处快速摩擦，待手感觉很烫时，闻一闻鸡血表面，假鸡血会发出一股刺鼻的树脂味。

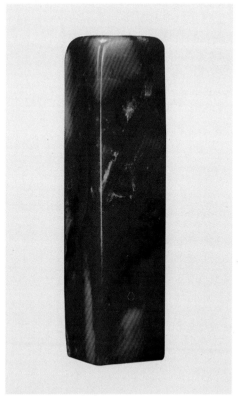

△ 巴林三彩鸡血石方章

边长2.2厘米，高9厘米

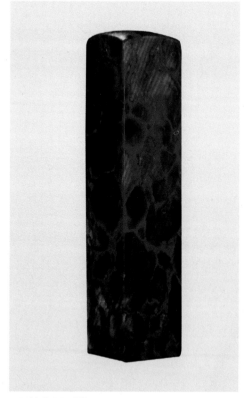

△ 巴林鸡血石方章

边长2.4厘米，高10.7厘米

△ **巴林白玉地鸡血石方章**

边长2.8厘米，高11.5厘米

（2）对着光源，将鸡血侧过来观察，制造稍差的鸡血石通常看得出粘过的痕迹，同时血色发假，呆滞。

（3）在许可的情况下，可用火焰法试验。用打火机或火柴燎烧鸡血的边缘，不变色，不发臭的为真品。假鸡血石遇火会燃烧变黑，并发出刺鼻的树脂味。

最难于识别的是，在真的低质量的鸡血石上造假的血，并且造假的原料是从鸡血石下脚料上剔出来的血石块。这种假鸡血，真中有假，假中有真。很多有经验的技术鉴定人员都可能看走眼而失误。

鉴定鸡血石要心态平和，切莫下结论太早。最好的是几种办法都有考虑使用，不要放过任何细节和小的可疑点，上当受骗就可以避免了。

△ **巴林古兽钮章**
边长6.5厘米，高8.6厘米

巴林鸡血石与昌化鸡血石的区分

二

要将巴林鸡血石与昌化鸡血石区别开，主要应从它们各自在物质组成、血色、血形、加工性能等方面的差异入手，经过仔细的观察研究，方能最后确定其准确名称。

"巴林鸡血石"又称"内蒙鸡血石"。"巴林鸡血"与"昌化鸡血"一样，也是汞的化合物(硫化汞)。它的石质地子好，一般呈半透明状，色彩又鲜艳，"血"和地子相映成趣，非常的美丽。但从整体上来说，其性质、产量、鲜艳度、稳固性和昌化鸡血石相比，还是有差异的。

△ **巴林鸡血石章料**

高15厘米

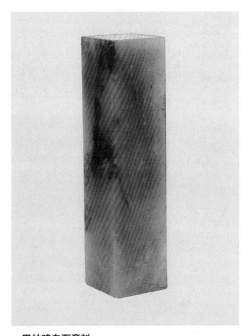

△ **巴林鸡血石章料**

高13厘米

△ 巴林鸡血石九龙戏珠摆件

高28厘米

△ 巴林鸡血石岁寒三友摆件

长21厘米，宽6厘米，高37厘米

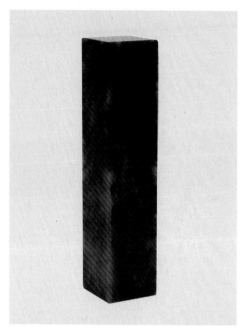

△ 巴林鸡血石章料

高14厘米

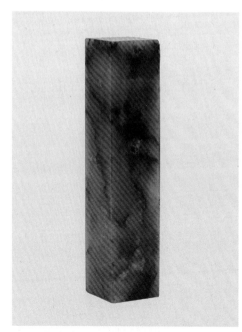

△ 巴林鸡血石章料

高14.5厘米

第一，我们从地理方面矿脉的结构来看，两者都是脉状结构的矿石，好像夹在"三明治"中间的一层火腿，但巴林鸡血石是组合在整个内蒙石矿脉中的一段或一小块，开采比昌化鸡血石容易，产量也比昌化石大。

第二，巴林鸡血石的质地不如昌化石细腻，显得坚而脆，但是石料中含水量比较多，所以有许多巴林鸡血石均呈半透明，谓之"冻"。切割打磨后，如果表面上下不用蜡封住石肤上的毛孔，妥善存放，而是长时间地放在室外通风处，那么石体中的水分就会挥发，进而出现裂纹。同时，硫化汞的红色——"鸡血"也随石质内的水分的挥发，氧化而变暗、变紫，地子也会开裂。

第三，"昌化鸡血"鲜、凝、厚，有块红、条红、斑红等几个品种。甚至石章六面都是血，可谓"鸡血淋头"；而"巴林鸡血"无六面满血的，一般都呈一丝丝的血筋状，纵横交叉，散而不聚，且极易氧化发暗，必须磨去它的表面一层，红色才会复显。当然，巴林鸡血石中有一类不鲜不浓、若粉红色的淡净"鸡血"，凝结在蛋青色、带半透明的地子上，似桃花初放，也似夏日彩霞，十分明艳，称之"桃花血"和"彩霞红"，这是昌化鸡血石中所缺少的。

△ 巴林鸡血石锦绣山河山子摆件

长60厘米，宽30厘米，高82厘米

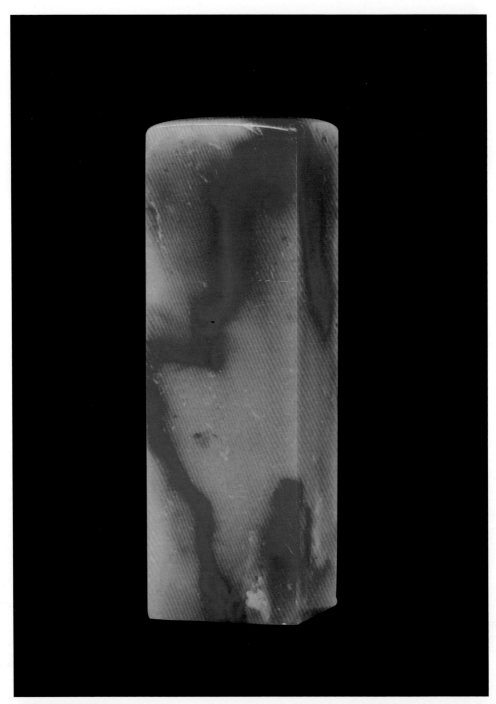

△ 昌化黄冻鸡血石素章

长2.8厘米，宽2.7厘米，高8.5厘米

　　第四，昌化新坑鸡血石多杂质和钉，不易雕凿，而巴林鸡血石和其他巴林石一样无钉和杂质，都是制印和工艺雕刻的优良材料。

　　其实，目前，在昌化鸡血石濒临绝迹的情况下，巴林鸡血石起到了承前启后的作用。两者孰优孰劣，就目前的市场价格来衡量，当然是昌化鸡血石占据优势。但有些同道也认为它们各具特色：昌化鸡血石质韧而且血鲜，对比强烈；巴林鸡血石质润血红，锦上添花，可谓"南血北地"（当然，巴林石的地子本质上要比昌化石的好），各有千秋。

▷ **巴林鸡血石神兽献瑞摆件**

长6.5厘米，高10.1厘米

△ 巴林鸡血石章料八方
尺寸不一

　　但也有众多印界人士认为巴林鸡血石是可与昌化鸡血石比高的高等良石，那种认为昌化鸡血石好于巴林鸡血石的，产生原因可能有三种情况：

　　（1）先入为主的思想影响，因为昌化鸡血已有六百多年的历史，名望在先，巴林鸡血石则属初露头角；

　　（2）有些人只见过昌化鸡血的上品，而没有见过巴林鸡血的上品，用巴林鸡血的中下品和昌化鸡血的上品相比较，以偏概全，得出了片面的结论；

　　（3）有些人不懂得鸡血石的保养知识，使"血"变了色而归罪于石，其实，昌化鸡血石也是如此，保养不当都会变色。只要做到避高温，避强光，就不会发生问题。万一发现变了色，把鸡血石用石蜡油一浸，数日后取出，血色仍会鲜艳如初。还有些人更喜欢这种变化，认为这是"活血"。

　　巴林石在地下沉睡了上亿年，真正有规模有意识的开采与挖掘才仅仅三十多年，但它的至善至美和千灵万秀必将为人们所赏识，何况巴林石的种类繁多，色泽艳丽，质地也佳，且价格适中，目前已颇有取代其他印石之势，很得一般消费市场的喜爱，可以说巴林石已将成为印石市场上的"新贵"。巴林鸡血石中，地子好、"血"又红的特殊品种同样可以享有威名，扬名印材市场。

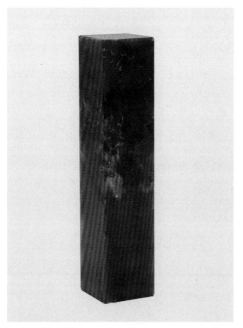

△ 巴林鸡血石章料

高14厘米

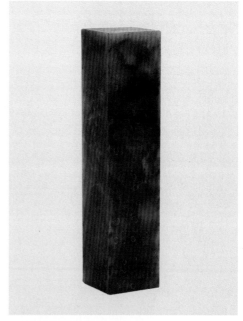

△ 巴林鸡血石章料

高15厘米

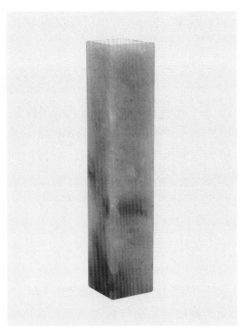

△ **巴林石章料**

高15厘米

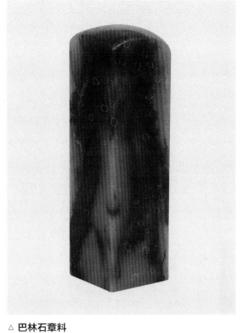

△ **巴林石章料**

高9厘米

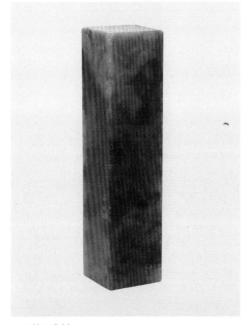

△ **巴林石章料**

高14厘米

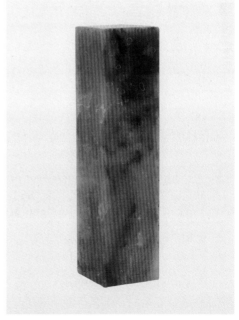

△ **巴林石章料**

高17厘米

三
巴林石的选购技巧

巴林石的开采已有几千年的历史，品种数以百计。在长期的生产实践中，人们对巴林石的认识不断深化，对其品种的划分和石质的品评日趋科学。自从1973年建立巴林石矿以来，加上民间的随意采掘，现已开采出普通巴林石数千吨、鸡血石数十吨以上，供应全国二十多个地区数十家工艺美术厂生产石雕作品之用。其产品有印章、文房宝器、古今人物、鱼虫、鸟兽、山水、花卉、烟茶用具等二十多个品种，销往数十个国家和地区。现今巴林鸡血石的售价已经大幅度上升，加上长期进行不合理的开采，致使其珍品正日益减少。巴林石原料的价格，20世纪70年代初刚问世时，每吨矿石仅售价300元人民币，鸡血石每吨1200余元。1978年用优质巴林鸡血石加工成14厘米×6厘米×6厘米的两方章料，六面见血，当时售价仅2000元人民币，还发生了"退货事件"。因为当时的巴林鸡血石还处于"养在深闺人未识"的阶段。1984年广交会上，一块16厘米见方的巴林鸡血石，以5万元人民币成交。20世纪90年代初，巴林鸡血石售价已达每吨30万元，以冻石为基地的优质鸡血石每吨已逾百万元人民币。巴林石作为雕刻工艺品不仅具有很高的审美价值，也有很高的收藏价值。所以愈来愈多地受

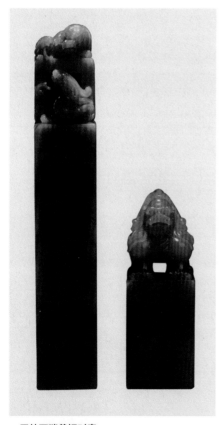

△ **巴林石瑞兽钮对章**

边长3.2厘米，高8.8厘米／边长3厘米，高6.4厘米

到广大收藏者的喜爱，并作为艺术品选购与收藏起来，使巴林石的雕刻艺术得到不断的弘扬和发展。

归纳起来，人们在选购巴林石时主要是通过"四品"来对巴林石进行鉴别的，即品质地、品色泽、品石艺、品意蕴。

1 | 品质地

这是对巴林石质的温润、洁净、细腻程度等品评鉴定高下。巴林石作为印材名石，质地温润细腻，柔而易攻。作为观赏名石，质地肌理清晰，如脂如冻。如果说造型石以型、纹理石以意，矿物晶体和化石以其科学价值取胜的话，巴林石则是以其质地独树一帜。因而对巴林石质地的品评则显得非常重要。鉴别家们总结石质有"六德三贱"：六德即细、结、润、腻、温、凝。细是指质地致密细滑，不粗糙；结是指质地结构紧密，不松软；润是指质地温润娇嫩，不干燥；腻是指质地光泽明亮，不缺油；温是指质地内含宝气，不死结；凝是指质地庄重聚集，不浮散；三贱即粗、松、脆。粗是指质地粗糙，入手发涩，全无光泽；松是指质地不紧密，作印不耐用，轻碰即伤；脆是指质地坚硬疏松，易破碎或出现裂纹。在品评巴林石的过程中，这些标准虽有些抽象，但十分精辟。对巴林石的质地研究得越透，对这些标准理解得越为深刻，运用起来也就越得心应手。从而对巴林石的品评鉴别则更为准确。

△ **伏虎罗汉、送财童子摆件（两件）**

长8.3厘米，长6.2厘米

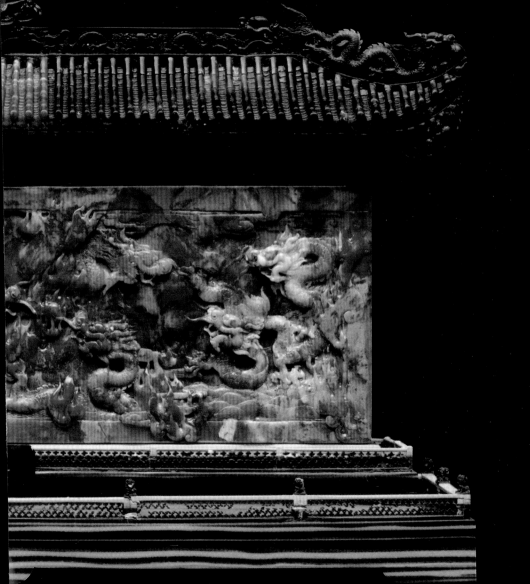

△ 巴林粉冻石兽钮章

边长4厘米，高18.5厘米

2 | 品色泽

这是对巴林石的颜色、光泽等品评鉴别高下。巴林石颜色丰富，赤橙黄绿青蓝紫各色均有。还可以分出基础色、过渡色、交融色、混合色等。在品评巴林石时，鉴别家们常有"以红黄为贵，蓝绿为绝，五彩为奇"之说。这是指巴林石的鸡血红和福黄十分珍贵，蓝绿颜色的巴林石非常少见，一块巴林石上有多种颜色则显得非常奇特。但仅仅以此来论高下是不全面的。色彩和光泽是物体给人的视觉效应。巴林石之所以给人以美感，深得赏石者喜爱，首先是因为它给人以自然感。我们所看到的不是人为所显示的各种色泽，而是石体的真色，是大自然造就的本来面目，这种回归自然的色泽越真切，品位就越高，就越显得珍贵。其次是奇异感。五彩斑斓的颜色，妙趣横生的光泽，常常会使人感到奇异新鲜，诱导人们从积极的意义去取其美好的象征，去追求有益的联想，这也是人们在品味巴林石色泽时所追求的一种感受。另外是趋同感。人们对色泽的追求虽然各有偏爱，表现出很强的个性，但有一些感觉是共性的。如白给人的感觉最明，黑给人的感觉最暗；红给人的感觉最暖，黑给人的感觉最冷；黄给人的感觉最近，紫给人的感觉最远等等。巴林石的色泽充分体现了其反映的意蕴，这是品味巴林石色泽时得到美感的一个重要因素。

△ 巴林鸡血石章料

高16.5厘米

△ 巴林鸡血石章料

高14厘米

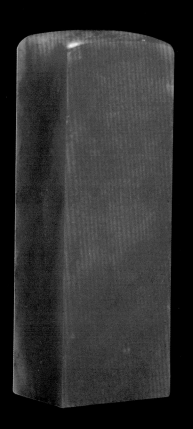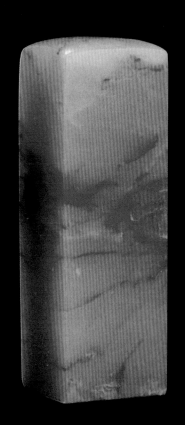

△ 巴林鸡血石章（五方）

边长2.2厘米，高6厘米／边长1.9厘米，高5.7厘米／边长2厘米，高5.8厘米／

长1.8厘米，宽1.7厘米，高7.5厘米／边长2厘米，高6.1厘米

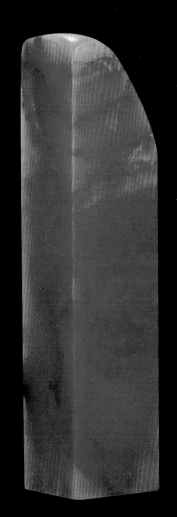
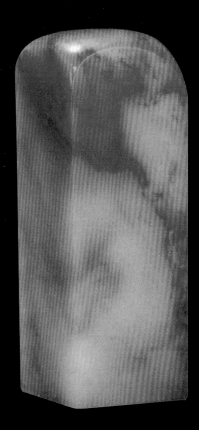

3 | 品石艺

这是对巴林石的形状、花纹、图案和加工后的作品等品评鉴别高下。它是在充分认识巴林石的特征，尊重大自然的创造的前提下，创作所表现出来的艺术，是从大自然中去发现并加以美化的所得。应该说，巴林石块大且宜于加工，其外形有很大的可塑性，这是巴林石有别其他观赏石的特点之一。另外，其花纹图案天工巧成，有的深藏于石头中间，需切开后才能发现；有的在于像与不像之间，需反复揣摩才能获得，稍不留意，就会与之无缘，失之交臂。未进行任何加工的巴林石的毛石与其他普通石一样，并没有多大的欣赏价值。只有进行打磨后，才能看到它丰富的色彩，亮丽的光泽和如画的图案。如果再进行雕刻，把艺术家们创造性的思维和极富技巧的劳作揉进石中，那么巴林石就会增值百倍。鉴别家们鉴别石艺有"按料取材，因材施艺，艺有所成"之说，是指巴林石的石艺是"天人合一"的造型艺术，是把巴林石的石质美、色彩美、图案美等充分加以运用，并通过构图、设计、制作、命名等得以有效升华，从而既不失巴林石天然的魅力和神韵，又增加了其丰富的内涵和独特的艺术风格。从这个角度讲，巴林石的鉴别是石质加石艺的鉴别，只有把石质和石艺有机地结合起来，融为一体，巴林石才能体现出它的真正的艺术价值，这时的品评鉴别才是真正的艺术享受。因而品石艺，既要有眼力，有耐性，还要有艺术修养。

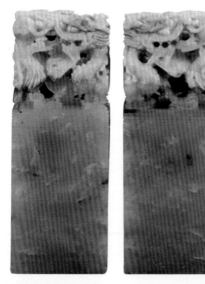

△ **巴林鸡血石钮章（四件）**

高10厘米

△ **巴林鸡血石龙钮章**

边长5.4厘米，高7厘米

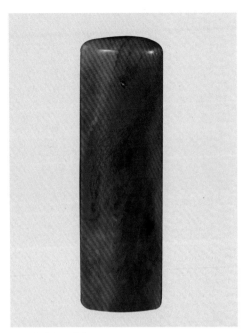

△ 巴林鸡血石圆章

高6.5厘米

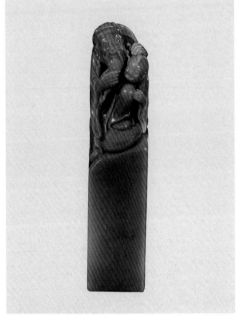

△ 巴林石渔家乐章

长3.3厘米，宽3.2厘米，高15厘米

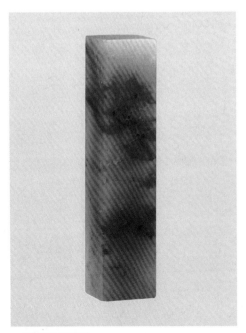

△ 巴林鸡血石方章

边长2.1厘米，高9.4厘米

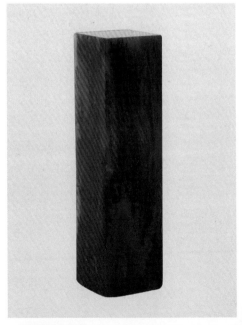

△ 巴林鸡血石章料

高11.5厘米

　　这是对巴林石深刻的文化内涵进行品评鉴别。艺术之美，贵在发现。人们在品评巴林石时不仅能从外表得到感观上的享受，细细品味，还能从内在去发现巴林石的风格与意蕴，追求到情感上的愉悦。如巴林石石中有画，画中有诗，诗画交融，从寓意深远的画面中，我们可以去品味诗画一般的意境，去追求神奇的感觉和美妙的享受。巴林石石面色彩堆积，线条丰富，形神兼备。在品评像与不像之中，我们可以尽情地去参与再创作，去开辟适合自己情感的充分的想象空间。巴林石历史悠久，积淀丰厚，在巴林石文化考证中，我们以追溯北方民族的文明进步史，去窥见中华民族大家庭同步演进的轨迹。巴林石源于自然，生成奇特，在研究巴林石的物理性能过程中，我们可以推测其形成的来龙去脉，追求科学的理念。总之，巴林石的品评，不能仅仅局限于表面，要努力挖掘其深刻的思想文化内涵。而要做到这一点，首先要提高文化素质，不然面对极品也会茫然不知。这是品评巴林石的基础。其次要有审美意识，对每一块巴林石都要从不同角度去审视，从中去分析筛选自己所认定的艺术佳品，这是品评巴林石的深化。第三要富于联想，沿石认道，激发心灵里的想象力和创造性思维，品出深含在巴林石中的灵气，感受人与大自然的默契和交融，这是品评巴林石的飞跃。

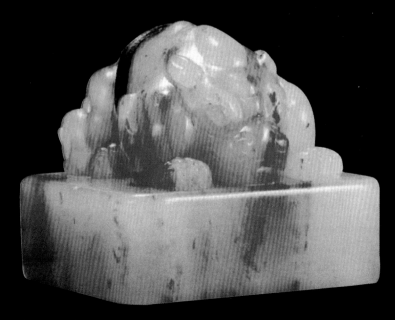

△ **巴林白玉地鸡血石古兽钮方章**
边长4.2厘米，高3.9厘米

△ 巴林石方章（9件）

尺寸不一

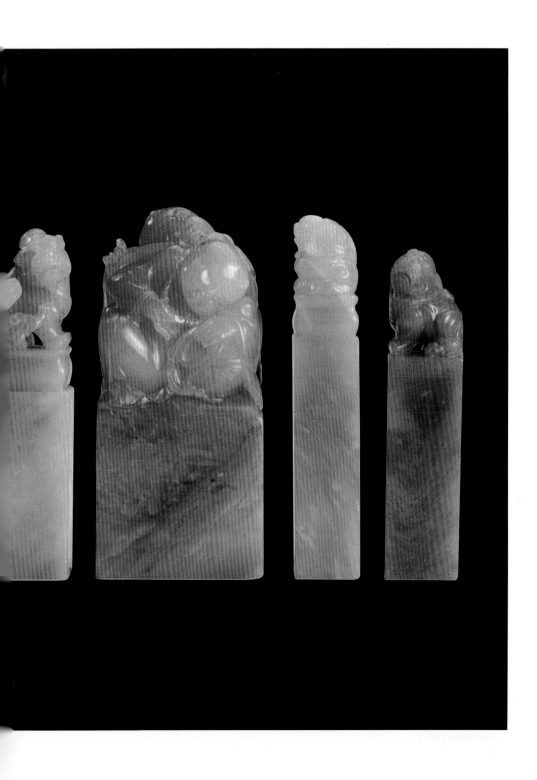

四 巴林石的收藏技巧

在难以计数的收藏品中，巴林石收藏的热度近年来不断上升，以致福黄石、芙蓉冻、水草花等名贵品种价格一路上涨。带有特殊形象的图案石、彩石也是人们收藏的抢手货。其中，巴林石收藏最热的是鸡血石。这是因为鸡血石储量不多，开采量小，价格高，名气大。

收藏是一种个性较强的高雅文化活动。巴林石收藏者应对所藏品有一个全面深刻的认识和了解，从理论和实践的结合上做些研究。收藏者还要有长远目光，名贵品应有收藏，不受重视者也应收藏。今天看起来并不起眼的品种，并不代表明天依旧平凡。平时要注意了解巴林石矿的采矿方面的信息，随时收藏一些新品种。还要多和一些藏石者进行交流、交换活动，调剂余缺。

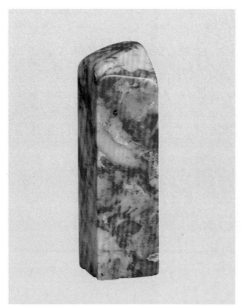

△ 巴林鸡血石方章

边长3.9厘米，高13.3厘米

△ 巴林石狮钮方章

边长3.9厘米，高13厘米

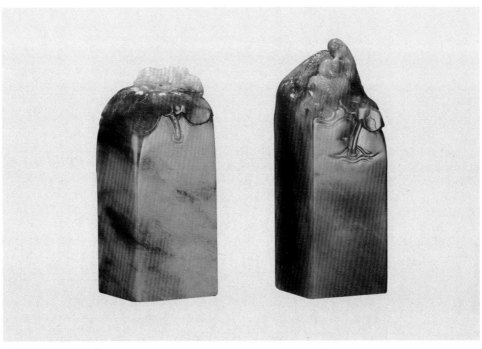

△ **巴林冻石章（两方）**

边长3.6厘米，高10厘米／边长3.7厘米，高9.5厘米

△ **巴林石龙钮章（三方）**

边长8.3厘米，高11厘米／长9.7厘米，宽9.6厘米，高13厘米／边长8.3厘米，高11厘米

近年来，在市场经济大潮中，除一些欣赏型收藏者外，众多的投资型收藏者也加入了巴林石收藏爱好者的队伍。他们收藏的目的不再仅仅是为了怡情、休闲，更重要的是通过收藏，买进卖出，达到增值目的。需要注意的是，巴林石收藏带有浓厚的文化属性，不同于证券、股票等纯经济投资行为。收藏者不仅要了解市场行情，还需要学习有关巴林石方面的知识，提高自己的文化素养和鉴别能力，避免上当受骗，带来不应有的经济损失。

巴林石收藏者主要有两种类型：一种是科技型收藏者，主要是一些地矿机构、石雕企业、大专院校、科研单位、自然博物馆和收藏家，他们为了研究、教学、陈列和宣传的需要，既注重品种的完整，又注重藏品的档次；另一种为综合型收藏者，既收藏，又进行交换、出售，这类收藏者可以以石养石，进入良性循环的轨道。宝石既是商品，又是艺术，也是文化。拥有宝石不仅是财富的象征，也是艺术修养、文化素质和文明程度的象征或者说是人格、精神和身价的象征。

△ **巴林鸡血石章（三方）**
边长2.3厘米，高7.9厘米／长2.6厘米，宽1.6厘米，高5.5厘米／长2.4厘米，宽2.3厘米，高6.8厘米

△ **巴林鸡血石方章**

长3厘米，宽2.6厘米，高12.4厘米

△ **巴林石方章（4件）**

尺寸不一

△ **巴林石方章（4件）**

尺寸不一

　　巴林石品种繁多，优劣悬殊很大，因而销售价格也很不一样。目前巴林石矿的各种石料中，以鸡血石售价最高，每吨可达几万元至几十万元。质量好的鸡血石块体，还常以单块估价销售。鸡血石内部汞化物的含量和分布情况没有特别明显的外部特征。有的外部情况甚好，血足且艳，而开料到中间部分时，鸡血全无；有的外部只有丝丝缕缕的散血，但中间部分却可能出现大面积鸡血，有如红瓤西瓜。这种现象有时连长期从事印材加工的人员也很难准确判断。这同玉器行业中鉴定翡翠的情况很有相似之处。所以，在购买鸡血石原料时，除认真观察和选择外，还确确实实存在着一个"运气"问题。这并不是付出代价积累经验所能根本解决的。

　　巴林石质地润软坚实，容易奏刀，线条挺立，能够充分表现古拙的金石韵味，极适于各种篆刻雕刻。巴林石章又具有吸朱，不渗油、不伸缩、不变质、印文鲜明，经久耐用等特点。

　　巴林石中还有一些冻石品种档次较高，售价每吨也在万元以上。但对这些冻石的鉴别就比鸡血石容易多了，起码是有章可循。首先是颜色，各品种都有其独特的颜色，只要颜色纯正、典型、无杂质，无绺无裂即是上品。这在外观上就能基本把握。不过，对颜色的鉴别需要一些讲究，就是说，在观察中要注意光源。我们知道，不同的光源、光源的强弱，都会造成石料颜色的变化，即使是微小的变化，也会导致判断失误。我们目前利用的光源不外是两种，一是日光，即自然光；二是灯光，灯光通常又分两种，白炽灯和日光灯。光源的色温是不一样的。同样是灯光，白炽灯和日光灯色温也不一样。而且无论什么光源，直接光和漫射光也有很大不同。我们在鉴定一些高档石料时，切忌在灯光下进行，任何一种灯光都会给人的视觉造成误差。唯一正确的观察是在日光下，即自然光下，而且要选择晴天室内，采用漫射光线进行。特别是鸡血石，绝对不可以让阳光直接照射，否则会使鸡血褪色，造成不良后果。

　　随着人们对巴林石认识和了解的深入，巴林石收藏队伍不断扩大。巴林石也不断激发着收藏者的热情，巴林石收藏方兴未艾。

第六章

巴林石的加工及保养

一
巴林石的封蜡保养

　　封蜡的目的是给石材上光，使巴林石能够保持较好的光泽和莹润，以至不会开裂。因为石材和印章的开料和磨光过程中，为了得到更加完整地保护，大多是浸泡在水中加工的。待拿出水面干燥后，有一些受自然风力和阳光的影响，会发生不同程度的开裂现象。根据经验，凡温、润、黏的石质发生开裂现象很少，开裂多发生在脆、燥、硬的石质品种中。色纯、透明度高的作品有时也发生。所以越是珍贵的石雕或印章，越是要及时进行封蜡工作。

△ **巴林鸡血石摆件（一对）**

高14.2厘米，高14厘米

△ **巴林鸡血石松鹤延年摆件**

长11.5厘米，宽2.5厘米，高16厘米

封蜡所用的蜡，是由70％的黄蜡(蜂蜡)加30％的工业白蜡合成的。黄蜡呈黄色，质地较硬，渗透力很强，石雕或印章中的开裂现象都需要用黄蜡进行修补。只有用黄蜡，印章裂纹才能修补得天衣无缝，有时连制作者也找不出原来开裂的地方。黄蜡的缺点是：石雕印章残留的蜡痕冷却后很难清除，强行清除就会划伤作品。另一方面黄蜡价格较高，完全使用黄蜡会增加成本，所以要加入一部分工业白蜡。

封蜡的操作过程有两种。一种是青田式的，具体的操作方法是：将磨光雕刻完成的印章放在铁板之上，铁板下面用炉火或电炉加温，石雕或印章受热后用毛刷将蜡涂抹在作品上。这种封蜡方式虽然沿用多年，但它的缺点是显而易见的。在炉火的烘烤下，会使印章内部的应力受到激发而加速石雕或印章石材的老化开裂，使印章出现众多的、无可补救的裂纹。浙江一带制作的巴林石石雕或印章，大多数存在这一问题，使其在价值上遭受较大损失。

△ **巴林鸡血石章三方**

边长2.8厘米，高7.4厘米／边长2.8厘米，高9厘米／边长3厘米，高8厘米

△ 巴林鸡血石方章

边长1.8厘米，高8.5厘米

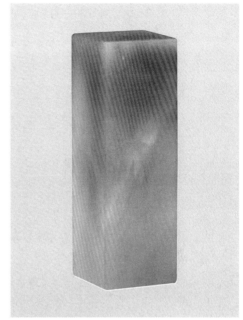

△ 巴林石素方章

边长2.8厘米，高8.4厘米

△ 巴林石太狮少狮钮章

长3.4厘米，宽3.3厘米，高17.5厘米

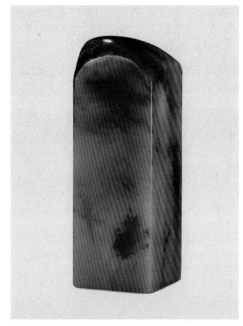

△ 巴林鸡血石素章

边长5厘米，高14.5厘米

△ **巴林石瑞兽钮方章**
边长5.5厘米，高6.8厘米

　　另一种封蜡方法比较科学、简便，尤其是对名贵高档的石雕或印章特别适宜，如价格最贵的鸡血石，唯有用此种方法，才能保证其不变质、不氧化。京津地区常用此法对巴林石进行封蜡技术保养。具体操作如下：首先用铝锅或用铁板制作成方箱，放入黄蜡和白蜡，比例以7：3混合，用镀锌丝根据所熔蜡的容器形状，编制带提梁的铁筐，将已磨光或雕刻完成的印章放入筐内，待蜡熔化后，连筐带章浸入。这时应注意掌握温度，以作品表面无凝蜡为准。提出铁筐，将印章逐一取出，擦去余蜡，待完全冷却后，再用软布反复擦拭，作品就会光亮鲜明，裂纹也会消失。注意印章表面要留有一薄层黄蜡。待完全冷却后，用软布抛光表面，就可以达到血色艳丽、光洁度高的效果。如果是长期保存，不向外部展示，就不必用布抛光，保留那层薄蜡，直接装盒收藏。这种封蜡方式，不会对鸡血石产生任何不良影响。对于一些高档印章如巴林黄，羊肥冻等品种，最好也采取这种方式封存蜡，以取得最大安全系数。

△ 巴林鸡血石蓬莱仙境摆件

长20.5厘米，重4680克

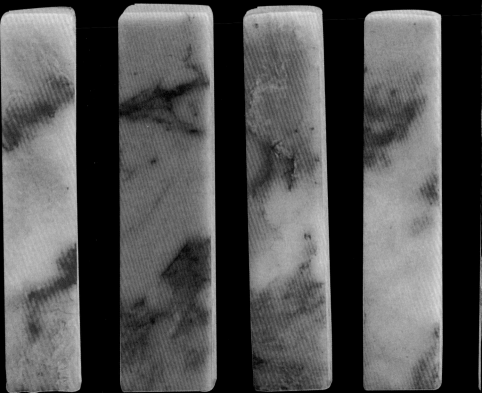

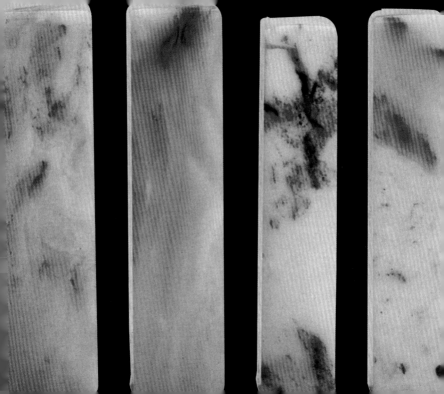

　　在以后的储存收藏中，由于有一薄层蜡质附于印章上，故而可以保护印章材料，延长其使用期。有人用白茶油或其他植物油以养护寿山石之法养护巴林石，这是不可取的。理由有三：

　　（1）寿山石的耐热性差，超过80℃就会出现变色现象，除峨嵋石和连江黄外，一般不封蜡，以免等级下降。而巴林石耐热性比寿山石高，在150℃也不会变色，所以巴林石适宜用封蜡方法。试验证明，对寿山石进行封蜡处理，只要严格控制温度，似乎也优于用植物油养护的方法。

　　（2）用植物油搽抹印章，经过一段时间，植物油发生浓缩，在印章表面和凹处形成一层胶状物，如果落上灰尘，就很难消除干净，影响美观，清除不当还可能损坏印章。

△ **巴林鸡血石方章（四件）**

尺寸不一

△ **巴林刘关张冻石地鸡血方章**

边长3厘米，高12.8厘米

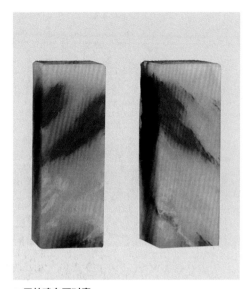

△ 巴林鸡血石对章

边长2.1厘米，高5.9厘米

△ 巴林冻石对章

边长2.5厘米，高8厘米

（3）用植物油养护石雕或印章需不断地定期搽抹，这对于收藏较丰的人来说，也是一个很大的负担。收藏石雕或印章多用锦盒，使用植物油养护印章也会污染锦盒。

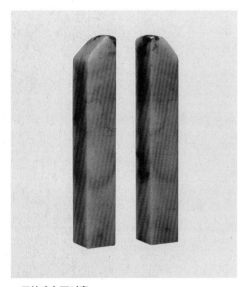

△ 巴林鸡血石对章

边长2.9厘米，高18.2厘米

△ 巴林鸡血石对章

边长3厘米，高7.6厘米

　　据上所述，巴林石材的养护适宜用封蜡法，而不适宜用植物油，至少巴林石章是适宜用封蜡法来养护的。

　　在各种石雕或印章之中，封蜡难度最高的就数鸡血石。鸡血石含有金属汞，较易氧化，尤其在紫外线、强光和高温的作用下，往往会发生不同程度的老化。这是鸡血石印章在制作和收藏中的一个大问题，制作者和收藏家都要高度重视。鸡血石的封蜡采取的步骤和普通印章一样，只是温度要严格控制。

　　在封蜡技术操作中应特别注意：当印章浸入熔化蜡液中后，要勤查看，勤测试温度，只要蜡液刚刚可以滑离印章就要取出。这时印章的温度存70℃～80℃，再用手抹去印章表面的稠蜡，然后用软布轻轻擦拭就可以了。

△ **巴林冻石雕罗汉摆件**

高16.3厘米

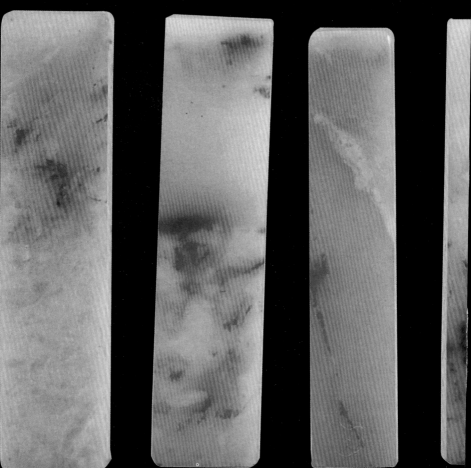

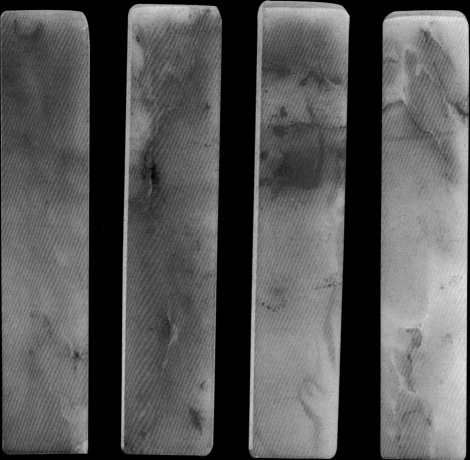

二
巴林鸡血石的加工及保存

1 | 巴林鸡血石的加工方法

巴林鸡血石是珍贵的石材，其加工和制作需要长期的缜密思考，创作设计和高超的技艺，才能驾轻就熟地完成自己满意的作品。巴林石的制作工序详细如下：

第一道工序就是相石，观察暴露在石外的血面、血点、血线，分析出延伸及内在的联系，有经验的人可以看到石里面去，制作时能够印证所判断的结论。这时要对料石进行多方面仔细观察。一是看鸡血红的多少及走向分布。二是看料石的地子是否温润透明。三是看料石的颜色及可能出现的变化。这三个条件都具备中上等水准的鸡血料石，就属难得了。鸡血的分布一般呈脉状，也有呈点状和丝状的。以大面积的鸡血为胜；以向下弯曲如流为奇，以满布血点为巧。鸡血石的红色，以正红色为佳。颜色偏淡的称为嫩，颜色偏黑紫的称为老，鸡血红色偏嫩尚有可赏玩的余地，如果偏老至紫红色，鸡血表面有一层闪光的金属光泽时（如同红汞药水干燥后的光泽），则不可救药，基本上无观赏收藏价值了。印材地子的透明程度及温润对于鸡血石也是相当重要的。如果一块透明度相当高的印章，中间若隐若现，若即若离地漂浮着缠绵血脉，这方印章一定会使行家拍手叫绝，身价倍增。反之，如地子是干燥的瓷白，那么即便鸡血的面积不小，也不会有太大的观

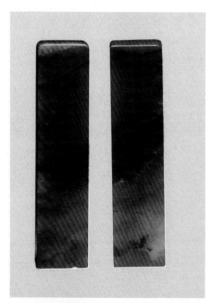

△ **巴林鸡血石方章（一对）**

边长2厘米，高8厘米

赏收藏价值。鸡血石应以浅色纯净的地子为佳，不应选用过于繁杂的花纹，应以素净的地子为第一选择。尽量躲开红花石地子，即使不能全部躲开，也要大部分躲开，以保存鸡血的价值。

△ **巴林鸡血石章**

边长2.7厘米，高6.5厘米

第二道工序是确定用途，看是用来做图章，还是用来做摆件，这是相石的继续。如果血的面积大，石材颜色单一，原则上用于做石章；如果血的体积小，石材多杂色，原则上用于做摆件。制作石章又分方形章和随形章（也称自然形章），其依据主要考虑血的走向。血形多为不规则的血线，可以考虑制成方章；血形仅为血面，并判断血的走向很少时，就只能根据地子的情况，确定取舍后，吕血线随形提出血面，其结果只能是自然形章。如果遇的石材，鸡血分布在上述

△ 巴林鸡血石章（9件）

尺寸不一

两可之间，便可加工成上随形下方正的章料。制作摆件分为雕刻摆件或原石摆件，雕刻又有圆雕和浮雕之分，浮雕也有高浮雕与薄意浮雕之分。无论圆雕、浮雕或薄意，原石摆件主要依据石质优劣而定，因为石材上有杂色，或有钉有绺，制作图章会无取舍余地，这无疑是个致命的弱点，制作摆件则不同，圆雕可以把钉绺刻掉，浮雕则可以利用俏色。石雕艺术无论有多少门类和技法，有一点是根本的或是相同的，即量料取材，妙用巧色。

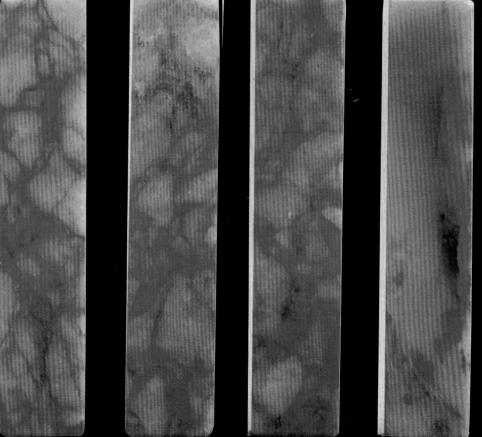

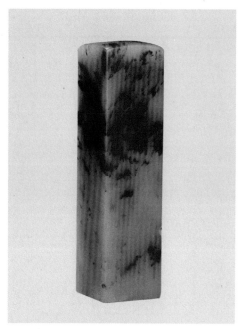

△ 巴林鸡血石章

边长2.9厘米，高10.9厘米

△ 巴林粉冻鸡血石章

长3厘米，宽2.9厘米，高12.5厘米

　　第三道工序是切石，切割鸡血石有如切水胆玛瑙，留得余地大，暴露不了水胆部分，留得余地小可能露水。水胆中的水只要一流出，多么昂贵的玛瑙也就失去了价值。鸡血石同一道理，留得余地大，暴露不了血色部分，留得余地小，很可能把好血切到下脚料中去，很难做到切口恰到好处。两者相比，切口还是离血面距离大一些为好，然后，用圆角刻刀一点点找出血来，注意找血时找到粉红为止，否则，直接见红后再用细砂纸打磨，实际上对血就有伤损了。切石前，首先将鸡血石原料放入清水中，用毛刷将泥土刷去。个别"跑窝"鸡血料石表面包裹着一层黄色碥皮，这层碥皮很坚硬，会损伤锯齿，须用小手锤轻轻打去这层碥皮，力量以能打掉碥皮为准，不可用力过猛，如果在料石上打了许多白斑，反而会影响观察血脉的走向。然后用粗砂纸轻轻打磨，稍露本色即可。

　　第四道工序是雕刻。一是高浮雕或薄意雕刻，二是圆雕，三是划白刀（皮雕）。用国画相类比，浮雕类写意，圆雕类工笔，白刀类白描。雕刻除因材施艺外，主要检验艺术造诣，如有书画或雕塑功底的人，刻制的工艺品就有大家子气，否则，一般会俗不可耐。当年福州一代名家林清卿就曾停刀四年，向一名画家学习作画，使之后来意境提高，并创作了薄意浮雕技法，后人赞他："用画理于石面，一变陈规，自立新意，雕与画融为一体，把薄意技法推向光辉灿烂阶段。他不拘格式内容，构图均视石的形态纹理，先施画于石面，用刀勾勒，再刮去地底，画面便成浮雕。最后剔出层次，起伏凹凸，厚不盈分，疏密相间，顾盼有情。繁则重峦叠嶂，简至一草一虫，莫不微妙入神。石的砂、格都被利用，缺点尽除，价值倍增，为艺林所重。袭纶曾称之为'精巧绝伦'。花卉妩媚生动，写生亦人莫能及，山水竹木亦静穆浑厚。"这位石雕先人的成功之路是耐人寻味的，他的作品流传至今，价值已相当高，一方2厘米×2厘米×8厘米的圆雕石章（已破损）就价值30000美元以上。

第五道工序是打磨。打磨的程序是由粗到细，如果作品刀口轻，也可直接用细砂纸打磨。打磨时图章最忌讳伤角，雕件最忌讳走型。

第六道工序是抛光。在经过细水砂纸和金相砂纸后，最好用大倍数的放火镜观察打磨效果，有时人用肉眼看已经很平和光滑了，但在放大镜下观察托过砂纸的痕迹还像条绒，有这种现象一定要处理，否则，影响光泽。好的鸡血石花费再多的时间也是值得的。紧接着，用古建筑的青砖，以地面下久埋者为最佳，用工具将其磨成细粉，经水多次过滤，取最细的部分浸泡一周后使用，用高粱秆心和葫芦瓢粘砖泥再次抛光，这次是从湿到干，湿时摩擦速度可慢，砖泥快干时摩擦速度增快，摩擦生热，就能达到最亮的程度，水洗干燥后这道工序就完成了。

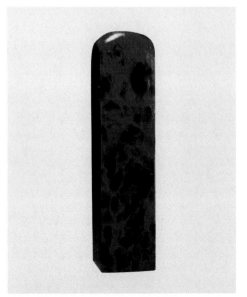

△ 巴林鸡血石血王章

长5.2厘米，宽4.8厘米，高20.5厘米

△ 巴林鸡血石葡萄钮章

边长3.1厘米，高8.9厘米

△ **巴林鸡血石章**
边长3.5厘米，高17.9厘米

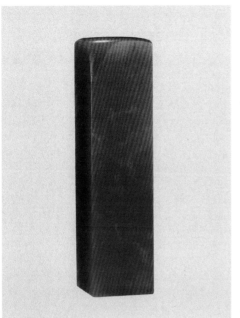

△ 巴林美人红鸡血章

边长2.9厘米，高11.2厘米

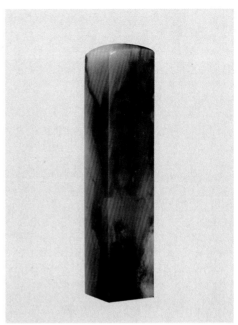

△ 巴林鸡血石章

长3.1厘米，宽3厘米，高14.2厘米

△ 巴林白玉地鸡血石血王章

边长3厘米，高12.2厘米

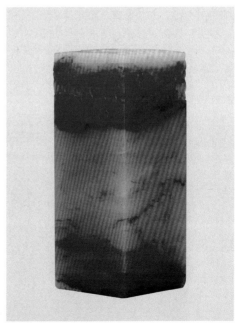

△ 巴林鸡血石博古钮章

边长1.9厘米，高6.8厘米

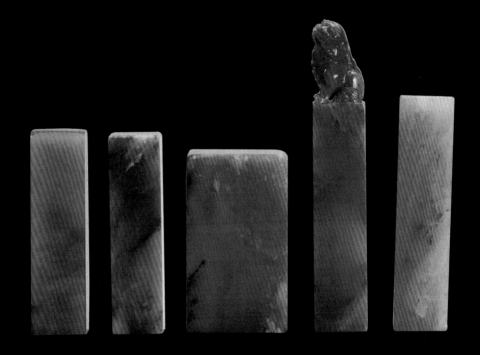

△ **巴林鸡血石章（5件）**

尺寸不一

2 | 巴林鸡血石的收藏保存

鸡血石是一种名贵的印章用宝石，它以无比艳丽、动人心魄的红色，征服了中国印章石材的爱好者和收藏家。在海外及日本等国，很多人也以拥有名贵的鸡血石印章而自豪。巴林鸡血石的保存收藏，最好做到以下几点，才能较好地使您的鸡血石永放光彩。

（1）成品鸡血石的保存。

成品鸡血石应放在锦盒内，内镶泡沫塑料，使印章不能晃动，放在避光处，温度不宜高，空气最好湿润。如空气干燥，时间长了石材会失去润性。玩石的人，常常手上会出汗油或鼻头上出汗油，加之用印时石材吸收的印油为其增加营养和水分，久而久之，就会使保存的鸡血石章光洁温润，古色古香，讨人喜欢。

△ **巴林鸡血石方章（三件）**

边长3.5厘米，高5.8厘米／长4.5厘米，宽2.4厘米，高12.7厘米

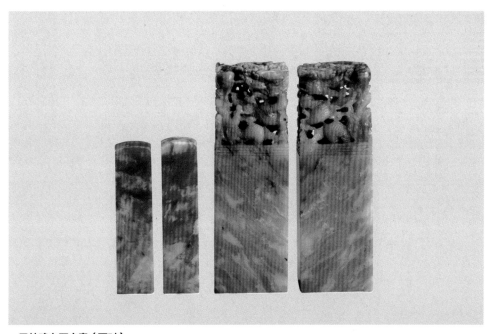

△ **巴林鸡血石方章（两对）**

边长3.9厘米，高11.7厘米／边长2厘米，高8厘米

（2）鸡血石原石的保存。

　　鸡血石原石应保存在恒温和有湿度的土层里，无此条件，应放在水中浸泡，吸足水分，再用外墙涂料将原石封闭。如做标本放在橱里，每隔一段时间应用水浸或油煨。

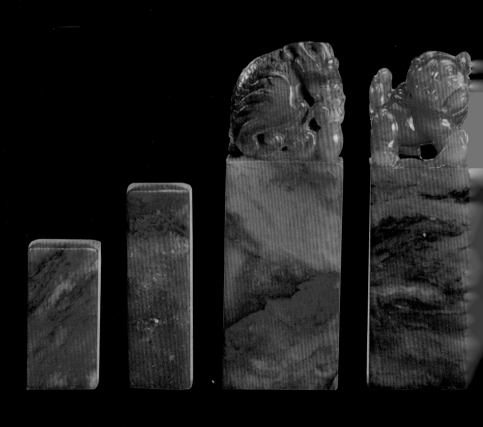

△ 巴林鸡血石章（8件）

尺寸不一

（3）变色鸡血石的处理方法。

成品鸡血石或鸡血石原石一旦存放不善，发生变血应该怎么办?那要视变血程度而定，变血严重的，只有把鸡血石用砂纸打磨或用刀刻，到露出好血来为止，重新进行处理；如变血轻微，红血仅变为紫血，还未到发黑的地步，这种情况只要把鸡血石放在优质豆油或花生油中浸泡，时间用半个月到一个月，血色就会重新变红，并且地子还会更加滋润。

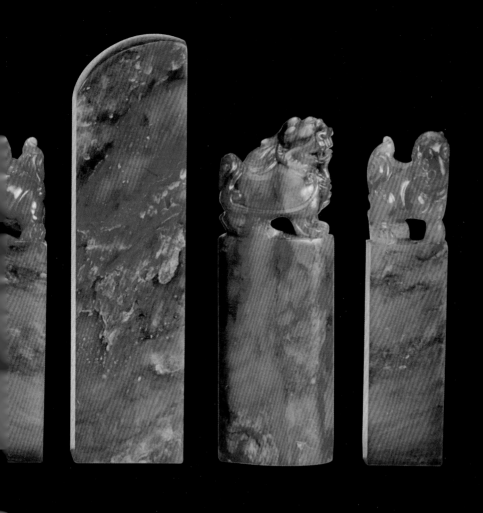

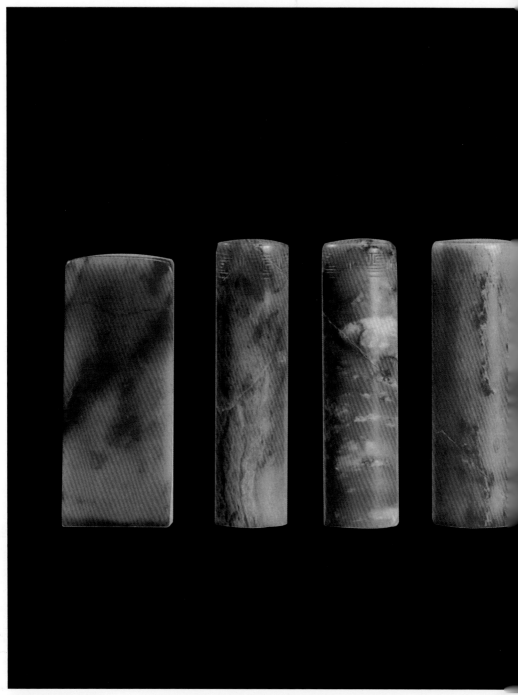

△ 巴林鸡血石章（8件）

尺寸不一

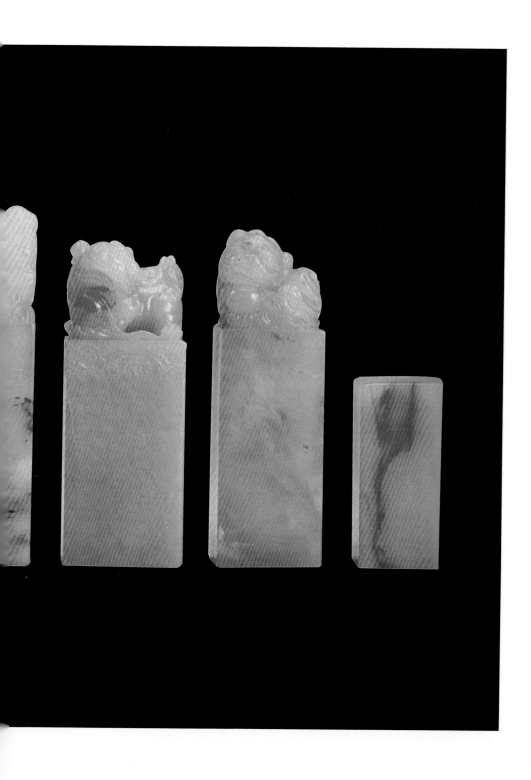

巴林冻石的加工及保存

　　巴林冻石，质地细腻密度大，开采、保存和加工极为不易，这三道工序很有学问。开采时，土层剥离和围岩石的剥离，人工生产工效差，炸药崩也不行，炮一响，冻石就会震碎或震上暗纹，使冻石变得毫无价值，这是一难；冻石一经开采，就会失去压力并和空气接触，稍有不慎就会风化，这是二难；加工如果冻石风干脱水，加工时遇急冷或暴热就会碎裂，这是三难。所以巴林石的制作认真做好三个环节的以下工作：

△ **巴林粉冻石螭钮章**

边长3.5厘米，高6.8厘米

1 | 矿石开采

开采冻石时，土层部分应用定向炸药，避免冻石的震动，靠近围岩石的部位，应用膨胀炸药，不使冻石受损，暴露围岩石后，应用撬棍，沿石缝逐块把围岩石撬掉，暴露出应采的冻石，找到冻石的线头后，可以用凿岩机与撬棍结合使用开采冻石。

△ **巴林粉冻鸡血石对章**

边长1.8厘米，高7.1厘米

2 | 矿石保存

　　冻石开采后，不要急于把冻石运出硐外，要把冻石在硐里放一段时间，使其能适应环境。然后，在石硐中把石材涂满外墙涂料，把水汽封闭在石材中，这样，就不容易出问题了，如条件不允许，要把冻石埋在土里，防止通风，运输石材时，应把冻石装进箱里，防止行车时的惯性使石块互相撞击，避免使冻石震裂或石材中形成暗纹。

△ **巴林鸡血石血王摆件**

长21.8厘米，宽10.7厘米，高18.3厘米

△ **巴林白玉地鸡血石方章**

边长2.3厘米，高9.4厘米

3 | 冻石加工

加工冻石时，首先要相石，根据石材特点决定做法。

第一种情况：冻石较好，选材加工即可，但要注意加工时间不宜过长。如做雕件，除雕刻时间外，其余时间把半成品放在湿润，避风的去处，予以补充水分，雕刻完毕，封蜡时注意避免急冷暴热；加工石章，时间短，一般情况下不会出问题。

第二种情况：冻石已经有绺。绺纹大的在解料时要顺着绺纹开锯，切忌横向下锯，横向下锯解料必然在石章成品上出现横纹或拦腰断裂，确定图章规格要根据两道绺纹之间的距离而定，相石时一定要把绺纹结构观察分细，对内部绺纹的走向有个准确的估计，防止会出现失误，此种冻石只宜加工图章，不宜加工雕件。

第三种情况：冻石已经风干走水，这种冻石不经特殊处理，按常法加工，在打磨水砂纸时，就会出现哥窑开片效果，轻者石章上布满裂纹，重者成为碎块，其原因是冻石走水干燥是由长时间缓慢形成的，所以，当这种冻石一接触到水，就会急剧地吸收，膨胀不均，就出现裂纹。

△ 巴林老黄冻兽钮扁方章

长4.7厘米，宽2.1厘米，高8.8厘米

△ 巴林红花冻石素方章

边长4.9厘米，高7.4厘米

△ **巴林冻石招财进宝方章**

边长3.5厘米，高10.5厘米

△ **巴林桃红冻五螭献瑞石章**

边长3.4厘米，高9.2厘米

正确处理风干走水冻石的方法：

（1）把风干走水的冻石埋在略有水气的泥土之中，然后以两天为限，循序渐进，不断更换水气更大的泥土，时间可在10天～15天。

（2）当埋藏冻石的泥土成泥状后，可把冻石取出，直接泡在水里一周左右。

（3）吸足水分的冻石再经加工，就不会出现裂纹了。

（4）冻石上砂轮打磨时，要注意磨磨停停不要连续或快速打磨，防止摩擦生热使水分再次蒸发。

（5）冻石封蜡要用川蜡，一则光润，二则容易保持水分。封蜡后，唯一容易走水的地方就是石章被篆刻的底面，分析利弊，这个地方也是石章经常吸收水分和营养的部位，因其经常与印油或印色接触，已在神不知鬼不觉中吸收了水分，如不常用，应经常为其提供水分，可用浸泡的方法。

第四种情况：冻石无明显的裂纹，但仔细观察，就会发现石材上布满密密麻麻的小裂纹，出现这种情况，其原因和风干走水冻石相似，所以，在处理方法上也基本相同，只加一道工序，在水泡后，封蜡前，再用油浸一次，时间约一周左右，然后封蜡。这样，暗纹就会还原，观察不出绺纹。注意，上述的处理过程避免绺纹处的不干净，如布满脏色就难办了。

　　成品冻石的保存，与鸡血石保存方法相同，最忌碰撞或摩擦。万一出现此种情况，轻微的抹点油就能掩盖痕迹，严重的应重新打磨和封蜡。

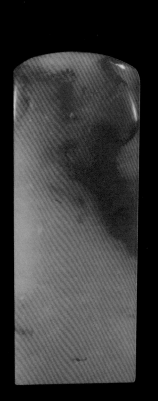
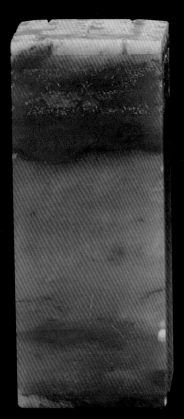
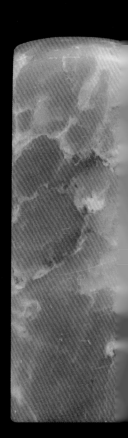

△ 巴林鸡血石章（七件）

尺寸不一

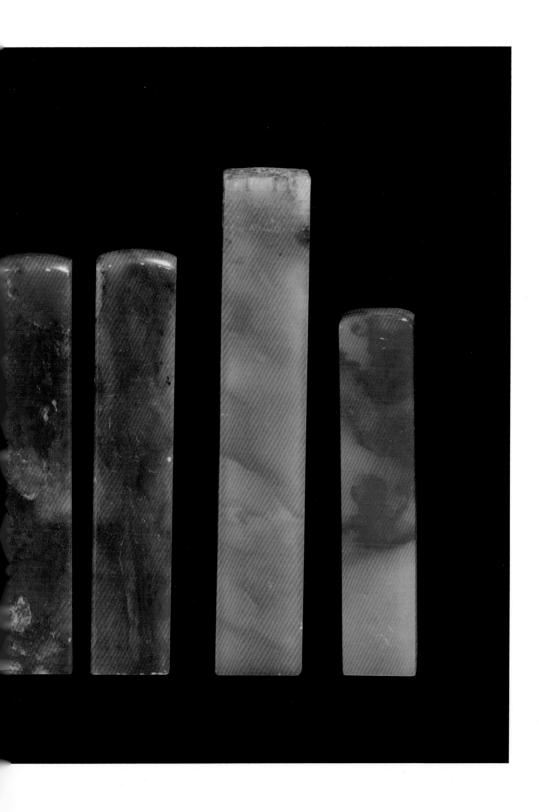

△ 巴林鸡血石血王随形

长48.5厘米，宽23厘米，高41厘米

四
巴林彩石的加工及保存

　　巴林彩石以色彩见长，绚丽多姿，富于情趣，常伴有天然图景隐现其中，其色彩艳丽多姿，纹理惟妙惟肖，美丽奇妙。国内唯内蒙古巴林右旗盛产彩石，实属独一无二。

　　巴林彩石雕及印章的封蜡，可用烤箱，也可用火炉，还可用水煮，工具不限，只要能加温和控制温度就行。控制温度可用温度计观察，也可凭经验和感觉；材料使用石蜡、蜂蜡、川蜡，一般石材用70％石蜡掺30％蜂蜡即可。高档石材雕刻件和异型章多用蜂蜡，方章多用川蜡，另外，多备卫生纸、脱脂棉和软布用于擦光。

△ **巴林白玉地鸡血石大方章**

边长4.9厘米，高9.5厘米

△ **巴林白玉地鸡血对章**

边长3厘米，高13.8厘米

△ 巴林鸡血石云龙戏金泉摆件

长21.5厘米

一件成功的巴林彩石工艺品必须经历四个阶段才算大功告成：第一阶段是寻找可心的石材，第二阶段是人工雕刻，第三阶段是成品打磨，第四阶段是保存包装。

按传统做法称打磨工、包装工为辅助工，但其实际作用是特别重要的，如果这两道工序出了问题，即使是宝石也会暗淡无光或粉身碎骨，一切都会前功尽弃。

打光和封蜡工序类似国画的装裱，国画装裱有"七分画三分裱"或"五分画五分裱"之说，石雕工艺品中的大路活也需七分雕三分光，高档的石雕工艺品五分雕五分光并不为过，货卖一张皮，而这两道工序正是解决这一问题的。第一，如打磨不过关，石材的本质及特色就无法反映，同一石材，由于打光的优劣，外观上能有天壤之别；第二，打磨不过关，再好的石材和雕功也会白费。雕件打磨忌走形，图章打磨忌伤角。在完全不改变作品形态的情况下，把作品每一处都打磨得如镜面一般，确非易事。

好的作品应由作者本人打磨，一般作品或产品也应由训练有素，有一定实践经验的师傅来进行。

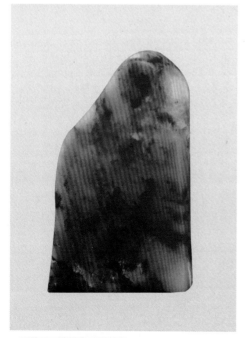

△ 巴林玉石地鸡血石随形章

长5.6厘米，宽2厘米，高8.5厘米

△ 巴林玉石地鸡血石随形章

边长2.9厘米，高9.3厘米

△ **巴林石双狮戏珠、螭虎盘鼎对章**
边长3.5厘米，高13厘米／边长3.3厘米，高13.7厘米

　　保存分内外两种包装。高档石雕内包装用脱脂棉和软泡海绵，把作品精心缠好，再用塑料袋或锦盒装起，然后装入已放好防潮纸的木箱内，用纸毛子塞紧；低档石雕可用纸或塑料袋包好，放入纸盒内，用纸毛子塞紧，盒外工艺如上。图章内包装纸盒或锦盒尺寸必须与图章一致，不能松动，盒外工艺如上。

　　另外，出口产品是远洋运输，所以，需要慎之又慎，外包装除填写唛头、毛净重等外，还应在箱外注上防水和不能倒置的标记，包装好坏其标志是两个极端，一是产品完整无缺，二是产品不损即伤，从事石雕工作的人们应当注意，包装工作不容忽视。